Rudolf Heitz/Thomas Neff

Der Griff nach den Sternen

Alles über
MERCEDES TUNING

Motorbuch Verlag Stuttgart

Einbandgestaltung: Siegfried Horn

Bilder: Archiv auto katalog, Autopress,
Firmen, Heitz, Neff

ISBN 3-613-01149-2

1. Auflage 1987
Copyright © by Motorbuch Verlag, Postfach 1370, 7000 Stuttgart 1.
Eine Abteilung des Buch- und Verlagshauses Paul Pietsch GmbH & Co. KG.
Sämtliche Rechte der Verbreitung, in jeglicher Form und Technik, sind vorbehalten.
Satz und Druck: Vaihinger Satz + Druck GmbH, 7143 Vaihingen/Enz
Bindung: Verlagsbuchbinderei Wilhelm Nething, 7315 Weilheim
Printed in Germany

ieren · Veredeln

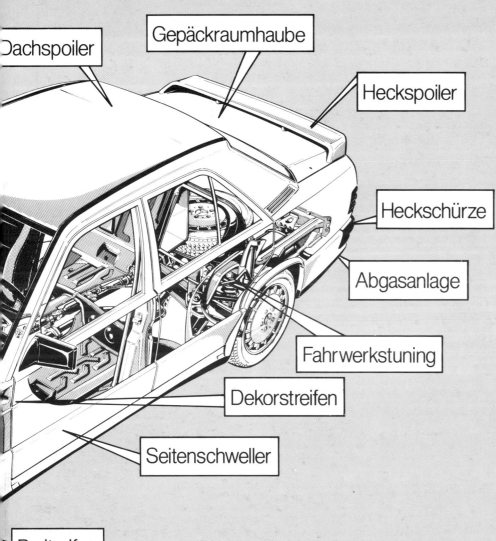

Heitz/Neff · Alles über Mercedes-Tuning

**Motor
Fahrwerk
Karosserie**

Inhalt

Vorwort 7

Der besondere Reiz 9
    Einführung in die Tuning-Szene 9
    Optisches Tuning 17

Der Wind tunt mit 21

Was sagt der TÜV? 29

Von der Idee zur Form 39
    Spoilermaterial 39

Kaufberatung 42

Fahrwerkstuning 44

Motortuning 51
    Motor-Aufladung 52
    Wirkungsweise von Ladern 53
    Nimm vier / Die Vierventiltechnik 54

Sternschnuppen 56
    Daimler-Benz: Rennsport von einst bis heute 56

Geliebte Feinde 67
    Daimler-Benz pro und contra Tuner 67

Kraft und Herrlichkeit 72
    Die Tuner 72

Die Alten 88
    Tuning an ausgelaufenen Modellen 88

Baby-Benz 98
    Tunersensation auf vier Rädern 98
    Optisches und mechanisches Tuning
    am Mercedes 190 99
    Cabrios auf Mercedes 190-Basis 124
    Sonderkarosserien auf Basis Mercedes 190 127
    Komplettfahrzeuge auf Basis
    des Mercedes 190 129

Die neue Mittelklasse 131
    Moderne in der Offensive 131
    Optisches und mechanisches Tuning
    an der Mercedes 200–300-Reihe 132
    Was ist zu erwähnen?
    124er-Tuning und Projekte 146

S wie Sonderklasse 150
    Spitzentechnik top verpackt 150
    Optisches und mechanisches Tuning
    der S-Klasse 152
    Cabrios auf Basis der S-Klasse 171
    Sonderaufbauten auf der Basis der S-Klasse 179

Der SL-Klassiker *193*
    Aktuell bis zuletzt 194

Ausblick *200*
    Allgemeine Erwartung 200
    Neue S-Klasse (W 140) 204
    Neuer SL (R 129) 208

Schlußwort *210*

Die Anschriften *212*

Die Autoren *214*

Vorwort

Bereits in den sechziger Jahren wurde der Begriff »Massenbewegung« auch im Automobilismus geprägt. Die Produktionszahlen stiegen von Jahr zu Jahr; immer mehr Modellvarianten kamen auf den Markt. Der Konkurrenzdruck steigt mehr denn je. Erfolg und Mißerfolg hängen aber nicht zuletzt vom jeweiligen Geschmack der Kunden ab. So unterschiedlich die Firmenphilosophien der amerikanischen, japanischen, italienischen, französischen oder deutschen Hersteller auch sein mögen, in einem Punkt gleichen sich die produzierten Massenprodukte fast alle: Die Serienautos werden immer uniformer.

Selbst die Nobelfirma Daimler-Benz baut zunehmend einheitlicher aussehende Modelle; ob es sich dabei um die sogenannte »kleinere« oder »mittlere« Baureihe handelt, ob in »Kurz- oder Langversion«, auf den ersten Blick sind die 190er vom 200–300er kaum noch zu unterscheiden – zumindest optisch.

Autoveredler haben dies längst erkannt und nutzen die lukrative Lücke, die sich zwischen der alltäglichen Fließbandproduktion und dem in der Natur des Menschen liegenden Wunsch nach Individualität auftut. Und das ist gut so, denn Exklusivität ist nach wie vor gefragt – ebenso der Spaß am Autofahren. Sogar in der oberen Daimler-Benz-Preiskategorie ist es längst kein Tabu mehr, ein Mercedes-Fahrzeug optisch und mechanisch zu verändern.

Neben den längst etablierten Autoveredlern wurden im Verlaufe der vergangenen Jahre in Deutschland beziehungsweise Europa eine ungeahnte Zahl von Spezialunternehmen neu gegründet. Schließlich weckte bereits die alte Mittelklasse (W 123) sowie die S-Klasse (W 126), besonders aber die neue Baureihe von Daimler-Benz, der »kleine« Mercedes 190 (W 201), ein zusätzliches autokosmetisches Interesse bei den »Modeschöpfern« dieser Branche.

Leider muten sich einige »Veredelungskünstler« zuviel des Guten zu, doch über Geschmack läßt sich bekanntlich nicht streiten. Doch in jedem Fall muß die Qualität stimmen, sonst wird die »Qual der Wahl« zur »Wahl der Qual«. Gott sei Dank, werden unseriöse Arbeiten über kurz oder lang aufgedeckt; der Markt bereinigt sich von selbst.

In der Fachliteratur kam optisches Tuning bisher viel zu kurz, denn Autoveredelung ist ein weitläufiger Begriff. Grundsätzlich kann nämlich am Auto alles veredelt werden: Karosserie, Innenraum, Motor und Fahrwerk. Doch was ist erlaubt und was ist verboten? Welche Firmen individualisieren welche Modelle? Werden auch noch ältere Fahrzeuge umgebaut?

Das vorliegende Buch wendet sich diesbezüglich an alle Mercedes-Fahrer, an die Freunde des Hauses Daimler-Benz, an die gesamte Tuning-Branche sowie Tuning-Fans und an alle Interessenten, die kurz vor der Kaufentscheidung eines Nobelautos mit dem »Stuttgarter Stern« stehen.

Der Nutzen dieses Bandes besteht darin, die mögliche Vielfalt der Mercedes-Umbauten kennenzulernen. Gleichzeitig werden die zahlreichen Firmen mit ihrem jeweiligen Programm detailliert beschrieben. Dazu gibt es Hintergrundinformationen, Praxistips sowie alle Anschriften. Dieses Nachschlagewerk widmet sich besonders dem optischen – und dort, wo es wichtig erscheint, auch dem mechanischen Tuning. Es werden aber nicht nur die aktuellen Daimer-Benz-Modelle in veredelter From dargestellt, sondern auch die älteren Baureihen in vielen Beispielen gezeigt. Das Buch befaßt sich mit den zahlreichen Komplettautos auf Mercedes-Basis, beleuchtet die Entwicklung der »Autokosmetik«, zeigt historische Renn- und Rallye-Versionen von Daimler-Benz und setzt sich mit dem Ausblick sowie der Planung zukünftiger Tuning-Objekte auseinander. Autos von Daimler-Benz erwecken derzeit mit Abstand das größte Publikumsinteresse; die Autos mit dem »Stern« sind nun mal etwas Besonderes. Karosserieveredler, Fahrwerksspezialisten und Motorenexperten bieten ihre Dienste an. Den »Griff nach den Sternen« wird es auch in Zukunft geben.

Rudolf Heitz

Der besondere Reiz

Einführung in die Tuning-Szene

Seit vielen Jahren beeinflußt der Faktor »Design« das Bewußtsein der Käufer industrieller Güter. Von profanen Haushaltsgegenständen wird ebenso eine ansprechende Formgebung erwartet, werden selbst extravagante Lösungen akzeptiert, wie von aufwendigen Luxusgütern. Der Markt verlangt mehr als nur notdürftig verpackte Technik. Egal, ob es sich dabei um die Kaffeemühle, das Telefon, die HiFi-Anlage oder den Staubsauger handelt.

Zweifelsohne gehört Automobilistik ebenfalls in den Bereich industriellen Designs; und die Form eines Wagens faszinierte schon in dessen Kindertagen. Das Auto bietet Identifikationsmöglichkeiten und vermag ästhetisches Empfinden zu befriedigen. Allerdings gehört die Automobil-Stilistik zu den ausgesprochen komplexen und schwierigen Design-Aufgaben schlechthin.

Designern und Stilisten haftet nach Meinung des Laien der Geruch des Genial-Intuitiven an, sie scheinen sich nur von den Eingebungen des Augenblicks leiten zu lassen. Doch industrielles Automobil-Design ist nur im Team möglich. Gemeinsames Ziel ist, neben ansehnlicher Formgebung, die Verbindung von Sicherheit, Qualität, Lebensdauer und Wirtschaftlichkeit.

Für die Kreativität, für das Können des Stilisten, sind die im Lastenheft erstellten Forderungen und Ansprüche an das zu schaffende Fahrzeug Einschränkung und Herausforderung zugleich. Allzufreie Gedankenflüge in der Automobilschöpfung werden durch Verwendungszweck, Sicht- und Raumverhältnisse, ökonomische und ökologische sowie gesetzgeberische Auflagen eingegrenzt. Zwischen den Bereichen Technik, Produktion sowie Verkauf und Service besteht gleichermaßen eine ständige Auseinandersetzung wie eine enge Kooperation. Und dennoch erhalten sich die Stilisten den notwendigen kreativen Spielraum.

Automobilbau ist und bleibt aber wohl immer ein Kompromiß. Das Preis-Leistungs-Verhältnis wird auf die Bedürfnisse der Käufer zugeschnitten. Die einen betrachten das Auto einfach nur als nützliches Fortbewegungsmittel, die anderen bevorzugen Luxus und Komfort. Dazwischen liegen Welten bezüglich automobiler Ansprüche.

Im modernen Fahrzeugbau stehen heute Sicherheit, Wirtschaftlichkeit und Umweltschutz im Vordergrund. Crash-erprobte Fahrgastzellen bieten optimalen Insassen-Schutz, Kopfstützen und Gurte vermindern die Verletzungsgefahr, elektronische Einheiten schützen den Menschen vor unbedachtem Handeln, Computer erhöhen die aktive und passive Sicherheit, keilförmige Karosserien beeinflussen durch geringeren Luftwiderstand den Verbrauch, moderne Motoren sorgen, trotz respektabler Leistung, für reinere Luft. Doch je weiter der

Heckansichten des Mercedes 190 (W 201): Links Serienausführung, rechts getunte Version von MAE.

technische Fortschritt in Richtung aerodynamische und rationelle Bauweise geht, desto uniformer sehen die heutigen, im Windkanal getesteten Autos aus. Das menschliche Bedürfnis nach Freiheit, Selbstverwirklichung und Individualität kommt dabei zu kurz.

Die Diskrepanz zwischen den in großen Stückzahlen hergestellten Produkten der Automobilindustrie und dem in der Natur des Menschen liegenden Wunsch nach Individualität ist heute beinahe so groß, wie das Angebotsspektrum für den auf Exklusivität sinnenden Automobilisten breit ist. Tuning-Firmen bieten alles, was schön und teuer ist: Autos im Renn-Look bis zum Traumexoten. Individualität ist »in«, Exklusivität ist gefragt. Das Geschäft der Autoveredler blüht – zumindest solange der Geldbeutel reicht.

Etablierte »Veredlungskünstler« werben mit hauseigenen, aufwendigen Spezialkatalogen für ihre Produkte; in Sammelbroschüren wird die »Erfolgsformel für noch besseres Fahren, mehr Sicherheit, mehr Komfort und mehr Technik« angeboten. So läßt sich mit Fahrwerksätzen, Breitreifen, Leichtmetallrädern, Aerodynamik-Teilen, Sportlenkrad und -sitzen sowie veredelter Innenraumgestaltung aus jedem Serienwagen ein individuelles Auto herstellen. Das Tunen (»to tune« = abstimmen, einstellen) kennt keine Grenzen, und, wie gesagt, über Geschmack läßt sich nun mal nicht streiten.

Gestritten wird höchstens, wenn es darum geht, wer denn nun wohl der »Beste« innerhalb der deutschen Autotuner- und Veredlerzunft ist. Entsprechend unterschiedlich sind dann auch die persönlichen Meinungen und Philosophien der einzelnen »Auto-Couteriers«.

Doch in einem sind sich alle einig – die Tuning-Bosse unterstreichen die Ernsthaftigkeit der Veredlerbranche sowie den besonderen Reiz der individuellen nachträglichen Veränderung der Serienautos.

Mercedes-»Forschungsauto 2000«. Günstiger Luftwiderstand, hohe Sicherheit und Leichtbau charakterisieren die Karosserie. Der c_w-Wert liegt unter 0,3.

Es gibt Dinge, die im scheinbaren Gegensatz zur Logik oder in diesem Fall zur Technik, genauer gesagt zur Fahrzeugtechnik, zu stehen scheinen.

Bereits schon jetzt zeichnen sich Bilder von verblüffender Ähnlichkeit im Styling der einzelnen Massenhersteller ab, denn die gewonnenen Erkenntnisse im Windkanal lassen letztlich nur »eine« windschlüpfige Variante zu; stilistische Retuschen sollen eine markenspezifische Identifikation möglich machen. Sicherlich erwünschte und funktionelle Bedienungselemente sowie auf allgemeinen Kundenwunsch hin erforschte und erarbeitete Innenräume machen dabei zwar noch sichtbare Unterschiede aus, aber auch auf diesem Gebiet wird eine zunehmende Gleichheit erkennbar.

Irgendwo hier – wo Technik und Fortschritt sich mit futuristischen Ideen verbinden und zum Absoluten apostrophiert werden, als ausgereifte »Wunder« in Serie gehen – beginnt das Tuning-Metier, und setzt auf die eine oder andere Weise auch eine Sperre. Fängt der Mensch als Individuum wieder an, seine ureigenste Philosophie für die »zweitschönste Sache der Welt« in die individuelle Tat umzusetzen, wird der Glaube an Technik und Fortschritt wieder gewandelt in ein gutes Stück eigener Lebensqualität. Dem Gefühl für kreative Entfaltung wird Raum gegeben und wider alle Vernunft ein Stück »Ich« nach außen hin optisch gezeigt und vorgetragen. Renaissance? Traum einer vergangenen Belle Epoque? Störrischer Individualismus? – Wie auch immer, man bewahre uns vor der »uniformen Zukunft«, die Spielräume und Träume nicht verwirklichen läßt. Die ganz eigene Vorstellung von Lebensqualität bleibt jedem selbst überlassen und wird in stärkerem Maße alle Regeln außer acht lassen.

Der besondere Reiz dieser Branche liegt wohl am gesamten Metier, am Individualismus, am individuellen Menschen, an der Forderung an sich selbst, an der Leistung und Abstimmung des Besonderen

Indy 500, ein extrem umgebauter Mercedes von Benny S-Car, auf Basis des 500 SEC. Umbaukosten etwa 40 000 Mark, rote Lederausstattung 20 000 Mark, Sportarmaturenbrett 5000 Mark, seitliche Auspuffanlage 5000 Mark, Sonderwünsche wie Stereoanlage, Motortuning etc. auf Anfrage.

– sprich Tuning. Und es wäre sicherlich verkehrt, hier nur in großen Dimensionen zu sprechen oder zu denken. Auch ist es bestimmt verkehrt, manchmal die Nase zu rümpfen. Im Tuning-Handwerk sind die Verflechtungen von Tradition, Ästhetik, sportlicher Aktivität und Individualismus zu einer Mixtur geworden. Eine Mixtur, die mittlerweile relativ konkrete Formen angenommen hat und schlicht und einfach bereits auf einen Nenner gebracht wurde: Automobilveredelung. Da gibt es neben sehr harter Arbeit die vielen und abervielen Anekdötchen. Die Querelen mit Kunden, die ihre Programme mehrmals umwerfen – kurz vor Vollendung –, die Großen und die Kleinen mit ihren vehementen oder zaghaften Wünschen, die Prominenten, die nicht genannt werden wollen und doch vor ihren »Traumautos« posieren... und vieles mehr.

Die Vielseitigkeit dieser Branche bringt es mit sich, daß es nie einen Stillstand gibt und geben wird. Die Aufgaben hören nicht auf, und der Reiz des Neuen ist ein ewiger, kreativer und gewollter Kreislauf. Es gehört sehr viel Enthusiasmus dazu. Seitens des Kunden und natürlich seitens der Veredler. Mögen so manche Briefmarken sammeln, manche Reisen unternehmen, manche gut und gerne essen gehen; eines haben die Kunden und die Tuner gewiß gemeinsam: Die Liebe zu einem besonderen Automobil.

Glanz und Gloria sind oftmals sicher verbunden mit Träumen und Wünschen, mit einem Plus an Lebensqualität und der persönlichen, eigenen Note, die man sich verwirklichen kann. Animiert durch ellenlange Aufpreislisten der Werke und verführt durch das schöne Sonderzubehör der Tuner, fällt es dem Autokäufer heute außerordentlich leicht, ein Fahrzeug seiner eigenen Vorstellung – eben »sein« Auto – zusammenzustellen. Er hat in

Zeichnung eines Mercedes 500 als Kombi-Umbau im Zender-Look.

sich auch das Gefühl, selbst mitzukonstruieren und mitzubauen, denn er kann sich die speziellen Bausteine aussuchen. Und warum auch nicht, wenn technisches Know-how und großartige Arbeit hinter dieser Perfektion stehen.

Also doch keine Träume? Vielleicht eher realistische Wünsche, die Freude und Erfüllung eines sichtbaren Pendants in unserer heutigen Zeit.

Der Mülheimer Tuner Hans-Albert Zender bezieht sich beispielsweise auf die breite Masse der Autokäufer. Im Vorwort zu dem jährlich erscheinenden »Zender-Katalog« schreibt er unter anderem: »Für einige Menschen ist das Auto ein angenehmer Gebrauchsgegenstand wie eine Wäscheschleuder oder eine Kaffeemaschine. Ein fahrbarer Untersatz also, der ihnen das tägliche Reisen erleichtert und bei dessen Kauf sie nahezu ausschließlich wirtschaftliche Gesichtspunkte zugrunde legen. Ein Standpunkt, für den man Verständnis hat. Dann allerdings gibt es Sie und mich. Autobegeisterte Leute, die ebenfalls von hier nach dort fahren wollen, jedoch auf eine ganz persönliche Art und Weise. Sie möchten die Uniform eines ganz bestimmten Serienfahrzeugs ein wenig verändern, damit sie einen eigenen Schnitt erhält. Will man diesen Wunsch in die Tat umsetzen, eröffnen sich die phantastischsten Möglichkeiten.«

Wenngleich auch in diesem Buch ausschließlich Mercedes-Umbauten beschrieben werden, so ist es doch ganz erstaunlich, wie die Anzahl der »Auto-Couturiers« in den vergangenen Jahren gestiegen ist. »auto motor und sport« schreibt beispielsweise über Mercedes als »die Nummer eins in der Tuning-Branche« (Heft 14/1985): »Schon Bundeskanzler Konrad Adenauer fuhr einen modifizierten Mercedes. Er ließ bei seinem 300er alle Aschenbecher entfernen und die Lücken sauber abdecken. Die Daimler-Benz AG berechnete ihm dafür den symbolischen Betrag von 25 Mark. Heute darf es etwas mehr sein. Sprunghaft steigende Umsätze machen das Mercedes-Tuning zu Deutschlands heimlicher Wachstumsbranche, die sich einen schönen Charakterzug des Daimler-Käufers profitabel zunutze macht. Denn der sieht aus guter Gewohnheit zuerst auf die Qualität und dann auf die Mark. Die Leute lassen sich die Individualität ihres Autos etwas kosten. Die Behandlung eines 190er wird in aller Regel mit Beträgen zwischen 4000 und 12 000 Mark honoriert. Geht es gar um die Veredelung eines S-Klasse-Modells, so ist der Interessent bereit, auf den Einstandspreis eines komplett ausgestatteten Mercedes 500 SEL von rund 90 000 Mark noch einmal 20 000 bis 30 000 Mark draufzulegen.«

Natürlich sind dem preislichen Repertoire nach oben keine Grenzen gesetzt. Die »Modeschöpfer« und »Autokosmetiker« der Tuner- und Veredlerzunft bieten eine spezielle Art »Maßkollektionen« für diejenigen Kunden an, die bis zu 500 000 Mark und mehr anzulegen bereit sind.

Allerdings gerieten einige Hersteller, zum Beispiel durch falsche Produktpolitik und Marktverluste in den Ölländern sowie den USA gehörig in die finanzielle Klemme. In einigen Fällen ließ die Qualität der umgebauten Fahrzeuge sogar in unverantwortlicher Weise zu wünschen übrig. Bei derartigem Mißmanagement darf man nur froh sein, daß es eine gesunde Marktbereinigung gibt.

Nicht »Umbau um jeden Preis« darf im Vordergrund stehen, sondern Qualität und Sicherheit muß oberstes Prioritätsbewußtsein ausmachen. Das hat sicherlich nichts damit zu tun, daß zum Beispiel ein Mercedes der S-Klasse derart umgebaut, bebaut und verbaut wird, um nach dem Eingriff als »weltweit einzigartiger Prototyp« gelten zu können.

Hier spielt wohl in entscheidendem Maß die fachliche Qualifikation eines Unternehmens eine wesentliche Rolle. Also Haute Couture im Fahrzeugbau oder simpel Tuning? Spezialisten, die sich als Fahrzeugveredler oder Tuner bezeichnen, sehen in der Optimierung und in der Ästhetik der Fahrzeugumbauten eine immer neue und kreative Eigenentwicklung. Sie kann teilweise bis an die »Grenze des technisch Vertretbaren« führen und besondere Aufgaben sowie auch höchste Ansprüche stellen. Aufgaben, welche unter enormen Aufwendungen und unter Berücksichtigung der Gegebenheiten und Eigenarten eines Fahrzeugs zu dem führen, was heute – weit ausgeholt – unter »Automobil-Tuning« verstanden wird. Es ist das technische und optische Tuning, das Fahrzeuginterieur und die besondere Karosserieveränderung die unter den Allgemeinbegriff fallen und irgendwo bereits ein feststehendes Moment geworden sind, das einzeln nicht mehr voneinander getrennt gesehen werden kann. Und warum auch? Das vielfältige Spektrum eines Tuning-Unternehmens stellt nicht nur nach außen hin auch die Größe eines Herstellers dar. Die miteinander verknüpften Aufgabengebiete sind einfach heute und im besonderen für die Zukunft kaum noch zu trennen. Hierin werden bei den simpelsten wie ausgefallensten Wünschen und individuellen Merkmalen alle Varianten zusammengefaßt, und sehr selten greift das eine nicht in das andere hinein. Die herbeigerufenen Alternativen und Varianten sowie die Ausdehnung auf fast alle Bereiche in der Fahrzeugveränderung sind von Tunern schließlich gewollt. Und sie zeigen die fachlich präzisen und konstruktiv gestalteten Möglichkeiten eines jeden einzelnen Unternehmens auf.

Irgendwie ist der vom Bonner Nobeltuner ABC einmal geprägte Slogan »Haute Couture im Fahrzeugbau« wohl die passendste Bezeichnung für dieses Gewerbe. Dabei ist die französische Bezeichnung durchaus sichtbares Pendant im Äußeren und Inneren eines Automobils.

Wenn es auch einmal sogenannte schwarze Schafe geben sollte: das Metier, in dem sich mit Recht eine Art traditionelle, handwerkliche Zunft gebildet hat, behauptet sich nur durch die Besten.

In dieser Zunft sind Berufe wieder zu neuem Leben erweckt worden, die schwerlich in dieser Fülle anderweitig eine Zukunft gehabt hätten. Ingenieure, Autosattler, Karosseriebauer, Fahrzeugmodellbauer und Fahrzeug-Designer erhielten bei den Tunern neue Aufgaben, die in ihrer besonderen

Eigenart eine faszinierende Wirkung auf den, vor allem »jungen«, Spezialisten ausüben. Wer in dem Bereich der »Lustautos«, wie die optimierten Modelle von AMG-Chef Hans-Werner Aufrecht im schwäbischen Affalterbach genannt werden, einmal hineingerochen hat, kann selten davon lassen und setzt für sich und seine Arbeit gänzlich andere Maßstäbe an. Perfektion, Höchstmaß an Sicherheit, Kreativität und absolutes Können dürfen nicht zu allgemeinen Floskeln abqualifiziert werden, sondern zählen unumwunden zu den Notwendigkeiten dieser Berufsbilder und deren Branche. Liebe zum Detail und ein extremes Faible für Automobile sind die allerbesten Voraussetzungen dafür.

Aber das alles kommt natürlich nicht von ungefähr, ist nicht als selbstverständlich anzusehen und kostet neben äußerst hartem Einsatz für die Entwicklung Unsummen von Geld. AMG-Inhaber Aufrecht geht dabei sogar in die Superlative und beziffert zum Beispiel die Entwicklungskosten einer Modellreihe ohne Werkzeuge im Schnitt auf etwa eine Millionen Mark: 250 000 und 500 000 Mark für Optik und Motoren und zirka 250 000 Mark für die Fahrwerke.

Anhand eines aufgeschlüsselten, einfachen Rechenbeispiels soll hier einmal der große Aufwand für ein einziges Programm verdeutlicht werden, um gleichzeitig auch auf die Vielzahl der zu berücksichtigenden Punkte hinzuweisen. Stellvertretend soll hier ein aktuelles Modell, der Mercedes 200–300 E (W 124), beschrieben werden.

Als niedrigste nennenswerte Tuning-Stufe kann die Entwicklung eines Karosserieteilesatzes betrachtet werden. Bei der schmalen Version, also der Variante ohne Änderung der vorhandenen Blechteile und des Fahrwerks, sind dies:

– Frontspoiler
– Seitenschweller
– Heckschürze

Dazu kommen heute fast zwingend:

– SEC-gestylte Motorhaube
– geänderte Gepäckraumhaube oder aufgesetzter Flügel

Zur Entwicklung dieser Teile bis zur Auslieferung sind folgende Schritte notwendig:

– Designskizzen
– Modellstudien in verkleinertem Maßstab oder Grobmodellierung am Fahrzeug
– Prototypentwicklung am Fahrzeug
– TÜV-Prüfung des Prototyps hinsichtlich Abtrieb und Bremsenkühlung
– Detailentwicklung des Prototyps
– Modellfinish zur Abnahme der Hilfsformen
– Herstellung eines Prototypteiles aus glasfaserverstärktem Kunststoff (GFK)
– Endgültige Detailanpassung des Prototypteiles an das Fahrzeug mit allen Befestigungs- und Zubehörteilen
– Endgültige TÜV-Abnahme des Prototypteiles aus GFK mit Prüfbescheinigung des Werkstoffes
– Herstellung der endgültigen Arbeitsformen für die Teile aus GFK.

Wird die Produktion der Spoilerteile in der Serie aus elastischen Hartschäumen aufgenommen, ist dann noch die Herstellung der Schäumformen erforderlich.

Bei einer professionellen Entwicklung solch eines »kleinen« Bausatzes ist pro Teil pauschal etwa mit 10 000 bis 25 000 Mark zu rechnen, so daß für einen Einfachstspoilersatz, bestehend aus Frontspoiler, Seitenschweller und Heckschürze, bereits mit 40 000 bis 75 000 Mark Entwicklungskosten zu rechnen ist. Für Heckflügel oder Gepäckraumhaube sowie Motorhaube kommen jeweils noch die entsprechenden Beträge hinzu.

Diese Kosten betreffen den Fall, daß die Teile von Hand in GFK-Formen hergestellt werden. Bei GFK-Preßteilen oder bei Schäumteilen kommen zu jedem Teil noch mehrere tausend Mark für Werkzeugkosten hinzu. So kostet etwa die Preßform für einen Frontspoiler in GFK zwischen 15 000 und

30 000 Mark, die Schäumform für dasselbe Teil 40 000 bis 150 000 Mark.

Solche Beträge beziehungsweise Investitionen sind natürlich nur über entsprechende Verkaufsstückzahlen zu amortisieren und werden zumeist von den Herstellern der Teile auf eine größere bestellte Abnahmemenge – zum Beispiel 100 oder 1000 Stück – umgelegt, da die Tuner die Teile in den seltensten Fällen selbst herstellen.

Kommt zu vorher erwähnter »Schmalversion« auch eine »Breitversion« mit nennenswerten Fahrwerksänderungen hinzu, verdoppelt sich der Kostenaufwand nochmals.

Für Kotflügelverbreiterungen müssen ebenfalls etwa 20 000 Mark bis zur Produktionsbereitschaft einkalkuliert werden.

Für das Fahrwerk mit breiten Rädern sind bei schon TÜV-geprüften Felgen und Reifen etwa nochmals 15 000 bis 50 000 Mark anzusetzen, je nachdem, wie stark die geplanten Dimensionen von der Serie abweichen. Werden beispielsweise statt serienmäßiger Reifen der Größe 195/60 auf Wunsch 225/50er verwendet, ist der Prüfaufwand meist relativ gering und bezieht sich zum großen Teil neben einer praktischen Fahrprüfung auf dem Hockenheimring über einige tausend Kilometer auf die Freigängigkeit der Räder in den Radhäusern. Werden aber zum Beispiel 285/40er- oder 345/35er-Reifen auf entsprechend riesigen Felgen montiert, ist zusätzlich die Festigkeit der Radaufhängungen, die Steifigkeit der Karosserie in den Aufhängungsbereichen und ähnliches zu prüfen.

Zumeist werden durch solche Extrembereifung die Fahreigenschaften so erheblich beeinflußt, daß in langen und aufwendigen Testreihen ein noch akzeptabler Kompromiß von Federungskomfort, Fahreigenschaften, Aquaplaningverhalten, aktiver und passiver Sicherheit und der angestrebten Optik gefunden werden muß.

Es ist hier erstaunlich und schon mehr als verwunderlich, daß sich der TÜV bereit erklärt, selbst auf Mittelklassewagen vom Schlage eines Mercedes 190 oder Dreier-BMWs Breitreifen der Dimensionen 225/50 oder gar 245/45 vorn und 285/40 oder 345/35 hinten freizugeben.

Es ist kaum vorstellbar, daß dies guten Gewissens verantwortet werden kann, und sei es nur wegen der extremen Aquaplaninggefahr solcher Reifen und vergleichsweise leichten Fahrzeugen.

Aber auch Lenkungseigenschaften aufgrund sehr negativ veränderter Aufhängungsgeometrie und extrem erhöhte Kräfte, die in Rad- und Federungsaufhängungen an der Karosserie eingeleitet werden, führen stets zu einer erheblichen Beeinträchtigung der Lebensdauer und der Gebrauchseigenschaften, die wirklich haarscharf an der Grenze des sicherheits- und prüftechnisch Vertretbaren liegen.

Noch vor nicht allzulanger Zeit war das anders: Automobile Exklusivität dokumentierte sich vor allem durch den Besitz eines nicht selten noch von Hand maßgeschneiderten Produkts einer jener exotischen Luxusmarken, meist englischer, französischer oder italienischer Provenienz, die heute (leider) zum größten Teil von der Bildfläche verschwunden sind. Doch der heutige Tuning-Trend hat einen unbestreitbaren Vorteil: Technische »Operationen« halten sich bei den meisten Vertretern dieser Zunft in überschaubaren Grenzen, so müssen Abstriche an Servicefreundlichkeit und Zuverlässigkeit nicht oder nur selten in Kauf genommen werden.

Außerdem können auch heute noch viele Unternehmen, die sich in der Branche seit Jahren einen guten Namen gemacht haben, auf kontinuierliche Erfolge im Motorsport und vorwiegend auf langjährige Erfahrungen bezüglich technischer Verbesserungen von Serienfahrzeugen hinweisen. Handwerkliche Akkuratesse und Einfallsreichtum der Spezialisten haben namentlich deutschen Tunern und Veredlern zu weltweiter Beachtung und Anerkennung verholfen.

Optisches Tuning

Die Frage nach Sinn oder Unsinn des optischen Tunings wird eindeutig von den vielen Käufern beantwortet: Gefragt ist das individuelle Auto, die persönliche Note, die Selbstverwirklichung, der Abschied von der Masse. Der Besitzer eines aufgeputzten Fahrzeugs will sich letztendlich selbst damit darstellen.

Das optische Tuning, also die nachträgliche Veränderung von Serienautos, begann im weitesten Sinne Anfang der fünfziger Jahre, als die in Wiesbaden ansässige Firma Kamei dem legendären VW Käfer ein sogenanntes Tiefensteuer verpaßte. Das Ergebnis des Vorsatzes, das beliebte »Krabbeltier« um einen Frontspoiler zu bereichern, war ein aus Blech gefertigter, scharfkantiger Ansatz unterhalb der vorderen Stoßstange.

Heute wird über derart simple und plumpe Optik nur noch geschmunzelt, zumal ein solcher »Schneepflug« – wie der Frontspoiler am damaligen Käfer in Bastlerkreisen auch genannt wurde – den

Innerhalb der Mercedes-Baureihe 190 (W 201) steht ein Leistungsspektrum zur Wahl, das sich vom 53 kW (72 PS)-Dieselmotor bis hin zum 136 kW (185 PS) starken 16-Ventil-Aggregat erstreckt. Ob bei den Weltrekordfahrten in Nardo (oben links) oder während des offiziellen Eröffnungsrennens auf dem Nürburgring (unten links), die Zuverlässigkeit dieser Baureihe ist längst dokumentiert.

heutigen TÜV-Segen nicht mehr bekommen würde. Der Veredlungs-Trend geht seit vielen Jahren zum kompletten Rundum-Bausatz als technisch-optische Aufwertung des Fahrzeugs. Gefragt sind dabei Exklusivität und sportliches Aussehen, gepaart mit besserer Fahrbahnhaftung, erhöhter Seitenwindstabilität, geringeren Luftwiderstands-Beiwerten und weniger Kraftstoffverbrauch.

Die optische Veredelung von Fahrzeugen gehört heute zum Schwerpunkt der Automobilveränderer. Das »Frisieren« von Motoren oder das Tieferlegen von Fahrwerken – mit dem eigentlich alles in den fünfziger und sechziger Jahren begann – ist nur noch ein Bruchteil dessen, was von der Tuning-Branche verlangt wird. Die meisten »Karosserie-Künstler« beschränken sich auf stilistische Veränderungen. Einige Firmen haben sich dabei auf ganz bestimmte Autofabrikate spezialisiert. So befassen sich zum Beispiel die Unternehmen AMG in Affalterbach und Lorinser in Waiblingen ausschließlich mit Daimler-Benz-Produkten aus Stuttgart-Untertürkheim.

Das Umbau-Repertoire umfaßt unter anderem Front- und Heckspoiler, Seitenschweller, Heckschürze sowie Kotflügelverbreiterungen; dazu gehört auch der Einbau von teuren Audio- und Video-Anlagen sowie die exklusive Gestaltung des Interieurs. Ausnahmen sind die Umbauten von geschlossenen Serienlimousinen in Cabrios oder Stufenhecklimousinen in Coupés. Verlängerte und gepanzerte Aufbauten zählen zu den Sonderaufträgen. Schließlich gibt es noch das extreme Show-Tuning, das teilweise zu den Auswüchsen spektakulärer Karosserie-Darbietungen zählt.

Die Frage, ob optisches Tuning in unserer Gesellschaft nun zwingend notwendig ist, stellt sich in dieser Form nicht. Natürlich könnte man leicht auf Autokosmetik wie auch auf andere Konsumgüter verzichten. Doch in einer Zeit des Wohlstandes, der Konsumorientierung sowie der sozialen Sicherheit empfindet ein immer größerer Teil unserer Gesellschaft das Bedürfnis, sich selbst darzustellen, sich aus der Masse herauszuheben. Und wo, wenn nicht am prestigeträchtigen Auto, kann man sich letztendlich selbst verwirklichen? Die Optik am Auto steht nun mal für Individualität und exklusive Persönlichkeit – zumal eine Zunahme aerodynamischer Anbauteile an der Mittelklasse in besonderem Maße zu vermerken ist.

Zudem ist optisches Tuning relativ preiswert für das, was nach außen hin geboten wird, denn die heutigen Serienfahrzeuge decken die Erwartungen an die Fahrleistungen größtenteils ab. Deshalb tendieren die meisten – nicht mehr nur männlichen – Kunden hin zur Autokosmetik und belassen Motor und Fahrwerk in serienmäßigem Zustand. Sie wollen im wahrsten Sinne des Wortes eben »ihr eigenes Auto« vor der Haustür stehen sehen.

Frühere Spoiler-Generationen waren rein vom funktionellen Design geprägt, hatten ein fast rennsportlich anmutendes Aussehen. Inzwischen hat die gestalterische und aerodynamische Entwicklung der Automobiltechnologie die Tuning-Anfänge längst überholt. Für den Anbau an Serienfahrzeuge dürfen Karosserie-Umbauteile nicht nur zur optischen Wirkung vorhanden sein, sondern müssen auch technisch ausgelegt werden. Dabei spielen selbst simpelste Überlegungen eine große Rolle. Zum Beispiel erfüllt eine Heckschürze unter anderem auch den Zweck eines herkömmlichen Schmutzfängers. Alle Teile müssen den vorgeschriebenen gesetzlichen Bestimmungen für die technische Prüfung bei der Typ-Prüfstelle der Technischen Überwachungsvereine (TÜV) entsprechen.

Die Karosserieanbauteile lassen sich im wesentlichen in folgende Gruppen einteilen:

- **Frontspoiler**
- **Seitenschweller**
- **Radlaufverbreiterungen**
- **Heckschürzen**
- **Heckspoiler und Heckflügel**
- **Kühlergrills**

Daneben gibt es noch eine Anzahl relativ unbedeutender Anbauteile: Zum Beispiel Windsplits, Motorhaubenhutzen, Dachspoiler und -flügel sowie Sportspiegel.

Obwohl nach wie vor der Schwerpunkt bei Front- und Heckspoilern zu suchen ist, ergab sich inzwischen eine starke Verschiebung. Die Automobilindustrie bedient sich der Marktvorbereitung durch die Tuner und bietet selbst serienmäßig oder gegen Aufpreis für eine Vielzahl von Modellen diese Bauteile schon ab Werk an. Während bis vor kurzem noch die Front- und Heckspoiler als wesentliche Umsatzträger für die Veredelungsbranche galten, werden heute von den Veredlern komplette Umbausätze mit Seitenschwellern und Heckschürzen konzipiert.

Aber auch diesem Trend folgen die Werke zwar langsam, aber dennoch sichtbar. Sie profitieren sogar reichlich von der Vorreiterfunktion der Veredler-Branche und bieten inzwischen direkt gegen Aufpreis oder bei Sondermodellen optische Veränderungen in Form von Spoilern und Radlaufverbreiterungen an. Profilierte Show-Tuner arbeiten diesbezüglich sogar eng mit den Werken zusammen.

Andererseits können die Hersteller von Serienfahrzeugen auf den Show- und Image-Effekt von Sondermodellen nicht mehr verzichten. Bei den

Frontspoiler und Seitenschweller von Lorinser

Heckflügel und Heckschürze von AMG

Gepflegter Luxus maßgeschneidert: Trasco-Interieur.

Massenherstellern sollen optisch aufgewertete Alltags-Produkte den Verkauf ankurbeln; bei den Renommierfirmen, wie beispielsweise Daimler-Benz und BMW, gehören exklusive Showautos der Superlative zum guten Ton.

Der Konkurrenzdruck verleitet zum Nachahmen. Einer schielt nach dem anderen, jedes Unternehmen brachte seinen »Renner«. Bei der weißblauen Marke in München sind dies die M-Modelle; bei den Stuttgarter Autos mit dem Stern ist der Mercedes 190 E 2.3–16 aus der W 201-Serie der erste bewußt auf optische und mechanische Glanzeffekte hin geplante Mercedes – Top-Modell und Imageträger einer Baureihe, die sich am Markt erst bewähren sollte.

Der Wind tunt mit

Der Wind formt die Autos der Zukunft. Sehen Autos der Zukunft alle gleich aus? Wird die Aerodynamik als wirksames Mittel zur Senkung des Kraftstoffverbrauchs beispielsweise auch zu einer Einheitsform führen? Diese verbreitete Befürchtung wird zwischen den Massenherstellern längst lebhaft diskutiert. Die vielen Kunden der Automobilveredler haben diese Frage inzwischen durch ihr Kaufinteresse an individuellen Autos beantwortet: Sie wollen sich von der Uniformität der Massenprodukte abheben.

Natürlich beeinflussen Käuferwünsche auch die Auslegungsziele des industriellen Fahrzeugentwicklers. Doch nicht alle Wünsche lassen sich in vollem Umfang realisieren. Das zu entwickelnde Fahrzeug muß einen ausgewogenen Kompromiß zwischen seiner Leistungsfähigkeit und seinem Preis bieten. Preisunabhängig ist nahezu alles realisierbar; jedoch nicht unbedingt am Markt zu verkaufen. Hier haben es die Anbieter luxuriöser Autos mit individuellem Zuschnitt etwas einfacher: Sie können sich dem einzelnen Kunden und seinen exklusiven Wünschen widmen; der Großserienhersteller muß sich dem Geldbeutel und dem Wunsch der Masse beugen.

Schließlich bemüht sich jeder Formgeber um ansprechende Produkte. Ein Automobil-Designer kann sich aber nicht nur auf elegante Karosserien und Interieurs beschränken. Er muß auch eine Reihe verschiedener Faktoren berücksichtigen, die auf den ersten Blick in krassem Gegensatz zueinander stehen. Zum Beispiel soll ein Familienwagen in erster Linie bequem, praktisch und sicher sein. Diese Eigenschaften bestimmen letztlich Form und Aussehen. Der Designer muß außerdem einen Stil finden, der dem Automobil eine eigene Identität verleiht.

Heute kommt es mehr denn je auf die Windschlüpfigkeit der Karosserie an. Scharfe Kanten und Ausbuchtungen verursachen kraftschluckende Turbulenzen. Bereits ab 60 km/h ist zur Überwindung des Luftwiderstandes mehr Energie erforderlich als zum Ausgleich der mechanischen Verluste in Antriebsaggregaten und Reifen. Tests mit Automobilen in der gleichen Größen- und Leistungsklasse haben gezeigt, daß durch Verringerung des Luftwiderstandsbeiwertes von 0,5 auf 0,4 der Kraftstoffverbrauch um zirka 10 Prozent sinkt. Der Luftwiderstandsbeiwert ist, wenn man so will, eine Qualitätsnote für die Form eines Autos.

Allerdings spielt nicht nur der Luftwiderstand in Fahrtrichtung eine Rolle. Böiger Seitenwind kann die Fahreigenschaften und die Kursstabilität ebenfalls beeinträchtigen. Und bei hoher Geschwindigkeit können die Luftströme über der Karosserie eine nicht unbedeutende Sogkraft auf die Hinterräder ausüben, wodurch die Bodenhaftung geringer wird. Damit ein Automobil auch bei hohem Tempo und kräftigem Seitenwind in der Spur bleibt, müssen die Räder ausreichend belastet werden. Die Konstrukteure müssen also den besten Kompromiß zwischen Luftwiderstand und Auftrieb finden.

Während in der Vergangenheit die aerodynamischen Maßnahmen zeitlich meistens nach Beendigung des Designentwurfs begonnen wurden, wird heute in enger Zusammenarbeit zwischen dem Designer und dem Aerodynamiker eine entsprechend den Vorgaben optimale Form sowohl für das Aussehen des Fahrzeuges als auch für einen geringen Luftwiderstand gesucht.

Schon Leonardo da Vinci beschäftigte sich bei seinen Flugzeugentwürfen mit aerodynamischen Problemen. Im Automobilbau wurden Untersuchungen der Luftströmung erst mit der Entwicklung schnellaufender Fahrzeuge interessant. Konnten Gottlieb Daimler und Carl Benz noch weitgehend nach eigenem Gutdünken und optischen Gesichtspunkten gestalten, so hat heute der Experte für Aerodynamik ein gewichtiges Wort bei der Fahrzeugkonstruktion mitzureden. Aus gutem Grund: Die Begriffe Kraftstoffverbrauch, Schmutzfreihaltung, Seitenwindempfindlichkeit und Auftriebsverhalten stehen in ursächlichem Zusammenhang mit den Problemen der Aerodynamik.

Wie hart nun aber Luft sein kann und wie mächtig, das spürt man, wenn der Wind mit Stärken von 6 bis 8 oder gar 12 an Fenstern und Türen rüttelt, Dächer abdeckt oder Bäume entwurzelt. Solche Kräfte stellen sich auch jedem Automobil während der Fahrt in den Weg – nur daß sich das Auto mit seiner Geschwindigkeit diesen Luftwiderstand, zum größten Teil jedenfalls, selbst erzeugt. Damit dieser Luftwiderstand überwunden werden kann, wird Kraft benötigt. Je weniger Kraft ein Motor dazu braucht, desto weniger Kraftstoff verbraucht er, desto weniger Kosten verursacht er.

In der Industrie herrscht heute weitgehende Einigkeit in der Ansicht, die Epoche der »preisgünstigen Aerodynamik« sei nun vorüber. In Zukunft könne mit nichts als intelligenten Einfällen, Intuition und überwiegend empirischer Kleinarbeit kein größerer Fortschritt mehr erzielt werden. Man stehe vielmehr an der Stufe zur »teuren Aerodynamik«, die auch für kleine Fortschritte hohen Aufwand an Forschung und Rechenarbeit erfordere. Das Eindringen in die komplexen Vorgänge der Luftströmungen werde schwieriger, je weiter das Wissen vorstoße. Dabei entstehen gelegentlich Konflikte aus Notwendigkeiten der Technik – beispielsweise aus der Bauhöhe der Triebwerke und ihrem Bedarf an Kühlluft. Weitere Absenkungen des Luftwiderstandes erfordern kostenträchtige Details, wie die Abdeckung des zerklüfteten Wagenbodens – eventuell mit einem integrierten Luftschacht zur Kühlung der Auspuffanlage.

Ähnlich kompliziert ist nun der Einfluß von Karosserie-Anbauteilen an Serienfahrzeugen, denn sie dienen nicht nur der optischen Wirkung, sondern müssen auch technisch ausgelegt werden. Sie unterliegen den gesetzlichen Vorschriften. Dabei sind vor allem Werte für die Dynamik, nämlich das Verhalten des Fahrzeuges während der Fahrt, für die Statik, für bestimmte Sicherheitswerte und das thermische Verhalten zu beachten.

Für die dynamischen Werte sind in erster Linie der sogenannte c_w-Wert, der Auf- beziehungsweise Abtrieb sowie die Querschnittsänderung der angeströmten Fahrzeugfläche entscheidend.

Bei den statischen Werten sind dies unter anderem die äußeren Abmessungen der Anbauteile, die Abdeckung der Reifenlauffläche, die Karosserieüberstände und zum Beispiel die Bodenfreiheit.

Die Sicherheitswerte beziehen sich hauptsächlich auf Material- und Unfallsicherheit.

Schließlich ist hinsichtlich der thermischen Werte vor allem die Bremsenkühlung von großer Bedeutung.

Bei optischen Tuningmaßnahmen wird immer wieder die Frage nach der Verbesserung des c_w-Wertes gestellt. Deshalb soll zunächst einmal die Bedeutung des c_w-Wertes sowie die Meßmethode erläutert werden.

Dieser »Stromlinienwagen« von Daimler-Benz, ein 2,5 Liter-Formelrennwagen (W 196) von 1954, wurde im Versuchs-Windkanal in Stuttgart gemessen. Technische Daten des Renners: Achtzylindermotor, 2,5 Liter Hubraum, 260 – 280 PS bei 8500/min.

Seit Beginn des Automobilbaus bemühen sich die Konstrukteure, luftstromgünstige Formen zu finden. Die theoretische Idealform für einen niedrigen Luftwiderstand ist die Tropfenform. Sie wurde auch im Automobilbau als Nonplusultra betrachtet. Heute dominiert im Kraftfahrzeugbau die Keilform als für die Praxis akzeptable Variante einer halbierten Tropfenform mit abgeschnittener Spitze. Windkanäle, also moderne Windmaschinen, machen die Optimierung möglich. Schon die Entwicklung des Käfers durch Professor Ferdinand Porsche wurde ständig durch Windkanaluntersuchungen unterstützt. Das war in den dreißiger Jahren.

Die Funktion eines Windkanals ist einfach erklärt: Das zu untersuchende Fahrzeug wird »angeblasen«, das heißt ein mehr oder minder starker Luftstrom ist darauf gerichtet. Elektronische Meßvorrichtungen registrieren die Strömungsverhältnisse, die auf das Fahrzeug wirken. Was am Wagen in Originalgröße durchgeführt wird, ist sozusagen

Windkanal von Daimler-Benz. Wie ein riesiges Maul zeigt sich die Gebläseöffnung. Hier werden die Autoformen windschlüpfig optimiert.

schon die »zweite Stufe«. Die ersten Versuche erfolgen an einem Modell zumeist im Maßstab 1:5 in einem entsprechend kleineren Windkanal.

Um den dimensionslosen Luftwiderstandsbeiwert zu messen, steht das Fahrzeug mit den Rädern auf einer Waage, die sämtliche durch den künstlichen Wind am Auto entstehenden Kräfte registriert. Gemessen werden die Kräfte an jedem Rad, die Seitenkräfte sowie die Luftwiderstandskraft.

Beim c_w-Wert handelt es sich um den Luftwiderstandsbeiwert. Damit ist lediglich eine Größe gegeben, die einen Vergleichswert zu anderen Körpern, zum Beispiel zu einem Tropfen, zu einer Kugel oder zu einer Scheibe darstellt. Hierbei bleibt die Größe des Objektes vorerst unberücksichtigt.

Der Wert für den echten Luftwiderstand setzt sich deshalb aus dem Luftwiderstandsbeiwert »c_w« und der Querschnittsfläche »A« eines Körpers, beispielsweise des Autos, zusammen.

Eine Form entsteht. Auf der Grundlage von zeichnerischen Entwürfen werden Tonmodelle im Maßstab 1:5 hergestellt, die bereits den Trend für die endgültige Form des zu entwickelnden Fahrzeugs erkennen lassen (Bild oben). Anschließend werden die Modelle ausgewählt, die durch ihre optische Aussage eine erfolgreiche Weiterentwicklung versprechen (Bild Mitte).

Ob 1:5 oder 1:1-Tonmodell, beide werden im Windkanal auf ihre aerodynamischen Eigenschaften überprüft, um durch eine Vielzahl von Detailänderungen einen möglichst niedrigen Luftwiderstandsbeiwert zu erreichen. Am Verlauf der Rauchstreifen erkennt der Versuchsingenieur, wie die Strömung einer Bug- oder Heckkontur folgt.

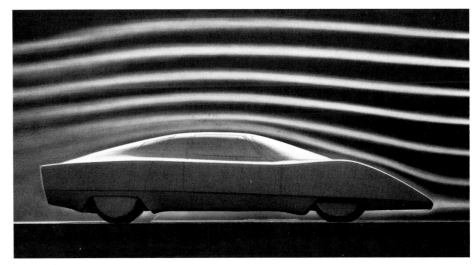

Vereinfacht dargestellt ergibt nur der mathematische Multiplikationswert aus der Formel »$c_w \times A$« den Luftwiderstand.

In der Praxis, und noch mehr in der Theorie, spielen zudem noch die Anströmgeschwindigkeit und die Luftdichte sowie der Staudruck eine Rolle.

Der daraus errechnete Wert ermöglicht, den notwendigen Absolutwert für den Kraftaufwand zu vergleichen, um zwei verschiedene Autotypen mit einer bestimmten Geschwindigkeit »gegen den Wind« fahren zu lassen.

Der Luftwiderstandsbeiwert ist inzwischen zu einer mächtigen Größe geworden, seit die erste Ölkrise im Winter 1973/74 das Verbrauchsbewußtsein der Autofahrer aktiviert hat. Mit diesem Wert wird die Windschlüpfigkeit eines Autos ausgedrückt. Je niedriger der c_w-Wert, desto kleiner sind, bei gleicher Fahrzeuggröße, der Luftwiderstand, der Kraftaufwand des Motors und damit sein Verbrauch. Heute werden Autos nicht nur in Preis, Aussehen, Farbe und Motorleistung miteinander verglichen – der c_w-Wert ist ähnlich wichtig.

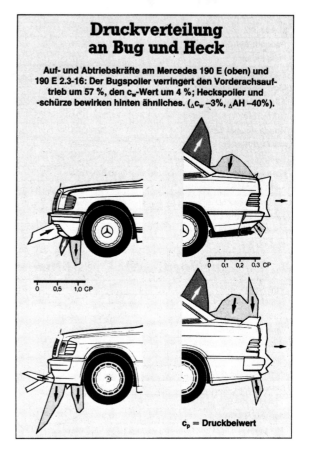

Druckverteilung an Bug und Heck

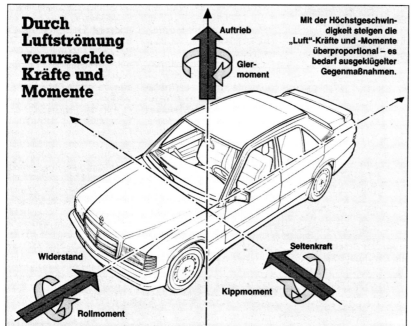

Durch Luftströmung verursachte Kräfte und Momente

Mercedes 190 E 2.3–16: Im Vergleich zum normalen 190er, verringert der große Bugspoiler am 16-Ventiler den Vorderachsauftrieb um 57 Prozent und den c_w-Wert um 4 Prozent.

In diesem Punkt ergibt sich – zumindest bei oberflächlicher Betrachtung – bei den meisten optischen Tuningmaßnahmen ein Widerspruch: Die angeströmte Querschnittfläche vergrößert sich durch Anbauteile, breitere Felgen und Reifen.

Zum Beispiel könnte durch den Anbau eines Spoilers der c_w-Wert um fünf Prozent verbessert werden. Doch dieses positive Ergebnis wird leicht wieder durch eine größere Anströmfläche zunichte gemacht. Beispiele dafür gibt es in der Praxis zur Genüge. Die entscheidende Frage ist demnach schon fast philosophischer Natur und bedarf der rein individuellen Beantwortung: Soll der Wagen breit und stark aussehen und dabei langsamer auf der Geraden, aber zumeist schneller in den Kurven sein – oder soll das Fahrzeug möglicherweise in den Kurven langsamer fahren, eine unscheinbare Optik präsentieren, dabei jedoch auf der Geraden höhere Endgeschwindigkeiten erreichen.

Je satter ein Auto bei hoher Geschwindigkeit auf der Fahrbahn liegt, desto besser sind Geradeauslauf- und Kurvengeschwindigkeiten. Diese Merkmale werden besonders von sportlich gesonnenen Fahrern geschätzt.

Dies sind eben jene Fahrer, die sich in erster Linie für Spoiler interessieren: Sie vermindern den Auftrieb oder sorgen gar für Abtrieb. Rennfahrer nutzen seit vielen Jahren diesen Vorteil, zumal die Boliden auf der Rennpiste höhere Geschwindigkeiten erreichen als beispielsweise ein Düsenjet beim Start. Durch die gezielt ausgelegten Aerodynamikteile wird Druck auf den Rennwagen ausgeübt, der ihn fest auf die Straße preßt.

Für schnelle Alltagsautos haben aerodynamische

Überlegungen natürlich gleichermaßen Glültigkeit – jedoch nur dann, wenn Form und Gestaltung der Aerodynamikteile Resultate von Berechnungen und Windkanalversuchen sind. So manche Schürzen aus Blech oder Kunststoff – die in der Vergangenheit als Ergebnis von Do-it-yourselfern zu entdecken waren – kommen allzuleicht in Konflikt mit Bordsteinen, mit der Straßenverkehrszulassungsordnung (StVZO) und nicht zuletzt mit der Aerodynamik.

Der »Windfang« unter der vorderen Stoßstange beispielsweise soll prinzipiell zwei Aufgaben erfüllen: Den Luftwiderstand verringern und den Auftrieb herabsetzen. Verschiedentlich muß aber ein Spoiler auch noch für gezielten Luftstrom an den Vorderradbremsen sorgen. Bereits kleine Spoiler erfüllen ihren Zweck; je größer und tiefer, desto stärker die Wirkung – doch sind hierbei den Alltagswagen Grenzen gesetzt.

Eine hundertprozentige Ideallösung ist bei der Aerodynamik eines Autos schon aufgrund der praxisbezogenen Anforderungen (Lastenheft, Kundenwünsche, kaufmännische Gesichtspunkte) nicht möglich. In der Praxis versucht man, mit Abrißkanten am ohnehin hohen Heck, glatteren Unterböden, eingeklebten Scheiben, verdeckten Scheibenwischern, stark geneigten Front-, Heck- und Seitenscheiben, dem Idealwert möglichst nahezukommen.

Die Minderung des Luftwiderstandes ist erwiesenermaßen ein gutes Mittel, um die Wirtschaftlichkeit von Automobilen erheblich zu verbessern. Doch schaffen zunehmend windschlüpfige Formen auch neue Probleme. So zum Beispiel für die Charakteristik der Motoren und die Abstimmung des Antriebs, für die Luftführung zum Kühlsystem und dem Wageninnern. Flach angesetzte Front- und Heckverglasung führen zu einer verstärkten Innenraumaufheizung bei Sonneneinstrahlung, und auch die Sichtverhältnisse, vor allem nach hinten, können durch die optimierte Außenform leiden.

Die optischen »Veredlungskünstler« vertreten naturgemäß eine eigene Meinung, die reinen Techniker pochen auf ihren Weg, aerodynamische Ziele zu verwirklichen. Der goldene Mittelweg liegt wohl beim bestmöglichen, alltagstauglichen Kompromiß – und der liegt meistens in der Nähe der Mitte.

Eines aber haben alle gemeinsam: Heute wird mit modernsten Prüfmethoden im Windkanal entwickelt. Das führt zum Einpendeln des c_w-Wertes. Vor einigen Jahren lag der Durchschnittswert für Personenwagen bei 0,44. Heute sind c_w-Werte von 0,29 bis 0,35 bei leicht fallendem Fahrzeugquerschnitt (A) innerhalb einer Autogeneration keine Seltenheit. Beim Mercedes 190/190 E (W 201) beträgt der c_w-Wert beispielsweise 0,33, beim 200–300 E (W 124) 0,3 und beim kommenden neuen SL-Roadster (ab 1987/88) zirka 0,27. Dieser hervorragende Wert ist auch bei der nächsten S-Klasse-Generation (ab 1990/91) anzusetzen.

Weltrekordfahrzeug »La Vettura«: Gefahren wurden am 29. 4. 1899 in Acheres (Frankreich) 105,880 km/h; Pilot: Camillo Jenatzy.

Was sagt der TÜV?

Der Teufel steckt bekanntlich im Detail. Und weil in der Straßenverkehrszulassungsordnung (StVZO) für den Laien reichlich Haken und Ösen stecken, geraten Autofahrer bei Verschönerungsaktionen an ihrem fahrbaren Untersatz nur allzuleicht mit dem Vorschriftenwerk in Konflikt.

Im Geltungsbereich der StVZO müssen alle wichtigen Teile am Auto ein besonderes Prüfungsverfahren absolvieren. Zuständig dafür sind der TÜV (Technischer Überwachungsverein) und das KBA (Kraftfahrtbundesamt). Alle geprüften Teile, die als unbedenklich befunden werden, erhalten eine Prüfnummer, oder es wird hierfür ein Mustergutachten erstellt. Dies gilt für Serienteile ebenso wie für Zubehör.

Bevor nun ein Serienauto auf die Straße entlassen wird, muß der Hersteller eine allgemeine Betriebserlaubnis (ABE) für das Fahrzeug einholen. In ihr ist der serienmäßige Zustand des Fahrzeugs exakt beschrieben. Das bedeutet freilich nicht, daß der spätere Besitzer das Fahrzeug nicht verändern darf. Solange er den serienmäßigen Zustand lebenswichtiger Teile nicht antastet, kann er nach Lust und Laune zulangen: Das Fahrzeug bunt bemalen (Leuchtfarben sind jedoch verboten!), mit Teppichen auslegen, die Sitze mit Bezügen aufmöbeln, ein Radio installieren oder sogar die Stoßstangen – natürlich einschließlich ihrer Halterungen – abmontieren. Wenn diese Verschönerungsaktionen weder die innere noch die äußere Sicherheit beeinträchtigen, ist dagegen nichts einzuwenden.

Werden hingegen lebenswichtige Teile des Fahrzeugs angetastet, ist Vorsicht geboten: An etliche Teile, etwa an Beleuchtungseinrichtungen, Scheiben oder Anhängekupplungen, stellt der Gesetzgeber besondere Anforderungen. Sie müssen daher eine Allgemeine Bauartgenehmigung (ABG) besitzen.

Für andere wichtige Teile wiederum verlangt der Gesetzgeber einen bestimmten Sicherheitsstandard: Das sind vor allem Brems- und Lenkanlagen, Lenkräder, Felgen, Reifen, Fahrwerksteile, Glasausstelldächer, Auspuffanlagen oder Spoiler.

Die Zubehörläden quellen über von solchen Teilen; man kann sie allemal kaufen, doch nicht immer dürfen sie auch montiert werden. Wer darüber Klarheit haben möchte, sollte nur solche Teile kaufen, die eine Prüfbescheinigung von einem TÜV oder eine Allgemeine Betriebserlaubnis (ABE) besitzen. In ihnen ist nachzulesen, ob das Teil für das eigene Auto geeignet, was bei der Montage zu beachten und ob danach eine Begutachtung nach Paragraph 19 der StVZO, sprich eine Fahrt zum amtlich anerkannten Sachverständigen beim TÜV, erforderlich ist.

Eines haben nämlich ABE- und ABG-»abgesegnete« Teile gemeinsam. Nach der Montage kann die Allgemeine Betriebserlaubnis des Fahrzeugs erlöschen. Ist dies der Fall, muß ein Sachverständiger des TÜV mit seiner Unterschrift die korrekte Montage bestätigen und zugleich prüfen, ob das Teil für das Fahrzeug zulässig ist. Danach muß man noch zur Zulassungsstelle, wo die Fahrzeugpapiere berichtigt werden.

Bei Verwendung nichtzulässiger Teile erlischt also die Bauartgenehmigung und damit auch automatisch die ABE des Autos. Nach Polizeikontrollen muß der Fahrzeughalter mit einer Anzeige rechnen, einem Bußgeld sowie damit Punkten in Flensburg. Bei besonders strengen Beamten kann es passieren, daß ein beanstandetes Auto an Ort und Stelle aus dem Verkehr gezogen wird.

Ist bei der Montage von Teilen mit einer ABE die Fahrt zum TÜV nicht vorgeschrieben, muß man diese ABE ständig mitführen, am besten im Handschuhfach. Bei Kontrollen ist es nicht ausgeschlossen, daß die Polizei danach fragt.

Vor dem Kauf, beziehungsweise dem Ein- oder Anbau von Zubehör, sollte sich der Autofahrer also gründlich informieren, um bösen Überraschungen aus dem Weg zu gehen. Zumal das Spektrum von grundsätzlich erlaubt bis generell verboten sehr weit ist:

– Zum Beispiel haben reine Dekorationsartikel wie Zierstreifen oder Gummistoßleisten keinen Einfluß auf die ABE, sofern sie dauerhaft und nicht verletzungsgefährdend angebracht sind;
– Spoiler, Breitreifen, Lenkräder sollten dagegen eine für den Wagentyp gültige ABE oder ein Mustergutachten haben;
– wird für ein Zubehör eine sogenannte Einbauabnahme gefordert, muß vom TÜV die sachgerechte Montage bestätigt werden;
– werden Extras mit einem TÜV-Mustergutachten verkauft, ist das Fahrzeug mit den ordnungsgemäß angebauten Teilen zur Abnahme und Eintragung in die Fahrzeugpapiere vorzuführen, alle notwendigen zusätzlichen Bedingungen – teilweise verbunden mit ganz erheblichem Aufwand – für die ordnungsgemäße Anbringung müssen dabei erfüllt sein;
– Teile ohne ABE oder Mustergutachten unterliegen natürlich besonders strengen Abnahmekontrollen. Die Chancen einer Abnahme steigen, wenn eine Unbedenklichkeitsbescheinigung des Fahrzeugherstellers vorliegt; bei Teilen ohne ABE ist dies kaum denkbar.

Natürlich ist es jedem Autofahrer freigestellt, sich bei speziellen Umbauten selbst an den TÜV zu wenden. Doch eine Einzelabnahme ist in jedem Fall zeitraubend und relativ teuer. Sie kann einige hundert bis einige tausend Mark verschlingen, je nach Anbauteil. So kostet allein die Abnahme eines Frontspoilers mit Fahrversuch etwa 1500 bis 5000 Mark. Und dies sind nur die Kosten des TÜV, ohne Modelle, ohne Formen, ohne Teile.

Wer mit verbotenem Zubehör dennoch unterwegs ist, für den kann ein Unfall böse Folgen haben. Ist nämlich das Anbauteil Ursache des Unfalls, wird zwar der Schaden des Verkehrsopfers zuerst einmal von der Haftpflichtversicherung abgedeckt, doch kann der Versicherer an den Fahrzeughalter Regreßansprüche stellen – auch bei Vollkasko. Natürlich wäre es nun der pure Wahnsinn, wenn jedes neugekaufte Auto einzeln den Prüfstellen vorgeführt werden müßte. Deshalb besorgt sich der Fahrzeughersteller zu jedem seiner Modelle vor Beginn der Serienfertigung eine »ABE (Allgemeine Betriebserlaubnis) für Fahrzeugtypen«. Eine solche ABE gilt dann automatisch für alle Exemplare dieses Typs in einer ganz genau spezifizierten Ausführung und Ausstattung. Es sind darin alle vom Hersteller angebotenen und vom TÜV geprüften Teilevarianten enthalten, so zum Beispiel die vom Hersteller freigegebenen Reifengrößen. In den meisten Fällen kann dies jeder in seinem Fahrzeugschein nachlesen. Zum Beispiel steht in den Zeilen 20 bis 23: »Größenbezeichnung der Bereifung: 195/60 VR 14«, und unter Bemerkungen steht »auch genehmigt: 175/70 VR 14«. Dies bedeutet, die beiden Reifengrößen sind geprüft und freigegeben. Jede andere Dimension muß vom TÜV nachträglich in die Fahrzeugpapiere eingetragen werden, sonst gibt es größten Ärger bei Polizeikontrollen.

Der Prüfaufwand ist allerdings immens. Hier eine kleine, aber kaum vollständige Auswahl: Reichen Festigkeit und Verwindungsstabilität des Rahmens und der Lenkungsteile? Gibt es irgendwo an der Karosserie gefährliche Ecken und Kanten oder vorstehende scharfe Blechteile? Ist der Tank stabil genug und sicherheitstechnisch günstig untergebracht? Sind die Scheinwerfer von amtlich zugelassener Bauart und in vorschriftsmäßiger Position? Stimmen bei den Heckleuchten die Höhen und Seitenabstände? Ist die Auspuffanlage nach Aufhängung und Wirksamkeit einwandfrei, und liegen die Schadstoffe in den Abgasen innerhalb der gesetzlichen Toleranzen? Wie ist überhaupt die Motorleistung? Werden die Lautstärkegrenzen nicht überschritten? Sind die Bremsen dem Gewicht und der möglichen Geschwindigkeit des Fahrzeugs angemessen und bleiben sie auch bei scharfer Beanspruchung standfest? Sind die Sitze und Sicherheitsgurte solide verankert? Und dann ganz allgemein: Ist das Fahrverhalten des Wagens auch auf schlechter Straße und bei hohem Tempo befriedigend, kommt es nicht zu Aufschaukelungen, zu Nick-, Gier- oder Schlingerbewegungen?

Um das alles und noch vieles mehr geprüft zu bekommen, muß das Werk Musterstücke des betreffenden Fahrzeugtyps in allen technischen Ausstattungsvarianten, zum Beispiel den unterschiedlichen Bereifungsarten sowie Motor- und Getriebeversionen dem Technischen Überwachungsverein (TÜV) oder einem hierfür zugelassenen »Technischen Dienst« zur Verfügung stellen, der hier im Auftrag des Kraftfahrtbundesamtes in Flensburg (KBA) handelt.

Nun kann aber der Hersteller dem TÜV oft genug, weil die Entwicklung noch im Gange ist, kein bereits ganz komplettes Modell hinstellen. Vielleicht sind die hier vorgesehenen Scheinwerfer noch gar nicht lieferbar, vielleicht sind die Stoßstangen noch nicht in der endgültigen Form, vielleicht ist eine provisorische Auspuffanlage montiert. Also wird das neue Modell in Etappen geprüft. Und so kann es sein, daß, obwohl die effektive Gesamtarbeitszeit des prüfenden TÜV bei nur einigen Wochen liegt, vom Beginn der Tätigkeit bis zur Erteilung der Typen-ABE mehr als ein halbes Jahr vergeht.

Ein neues Modell wird heutzutage nicht nur nach den Bestimmungen unserer StVZO geprüft, sondern auch noch nach den EG- und ECE-Richtlinien (ECE = Economic Commission for Europe), damit es uneingeschränkt exportfähig wird. In diesem Fall müssen gewisse Teile des Fahrzeugs von Stellen geprüft werden, die sich darauf spezialisiert haben und die international anerkannt sind. Für die Beleuchtung beispielsweise ist das Lichttechnische Institut der Technischen Universität Karlsruhe zuständig, für die Innenausstattung und die Gurtverankerung der TÜV Rheinland, für die Gurte selbst die Materialprüfungsanstalt Stuttgart, für Sicherheitsglas das Materialprüfungsamt Dortmund und für die Funkentstörung der VDE Offenbach.

Haben endlich alle zu prüfenden Teile ihr Okay bekommen, geht der Prüfbescheid zum KBA Flensburg, das dann die Allgemeine Betriebserlaubnis erteilt. Damit ist der Fahrzeughersteller berechtigt und auch verpflichtet, für jedes Stück dieses Modells einen Fahrzeugbrief auszustellen. Mit seiner Unterschrift auf Seite vier des Kfz-Briefes haftet er dafür, daß das betreffende Exemplar bei Auslieferung an den Händler oder den Kunden in allen Teilen der ABE entspricht.

Nun kommt es gelegentlich vor, daß sich ein leidenschaftlicher Bastler ein Auto nach eigenem Gusto zusammenbaut, vielleicht aus Teilen verschiedenster Firmen und Modelle; oder daß jemand ein Serienexemplar total umbaut, etwa eine Limousine in ein Cabriolet verwandelt oder in einen VW beispielsweise einen Porsche-Motor einsetzt und dabei natürlich die Radaufhängung, die Federung und die Bremsen verändern muß. Ein solches Fahrzeug braucht dann eine »Betriebserlaubnis für ein Einzelfahrzeug«. Ein enormer Aufwand, wenn man es recht bedenkt, und ein entsprechend teurer. Etwa eine Woche dauert hier die Prüfaktion, wobei eine eventuell notwendige Festigkeitsprüfung des Fahrwerks von einer Technischen Hochschule durchgeführt wird, die dafür 15 000 bis 20 000

Mark kassiert. Hinzu kommen die Gebühren des TÜV, die bei rund 10 000 Mark liegen, wobei an die 3000 Mark allein auf die Auspuff- und Abgaskontrolle entfallen.

Neben der ABE für komplette Fahrzeuge gibt es auch Betriebserlaubnisse für solche Einzelteile, die eine technische Einheit bilden. Notwendig sind solche Teile-ABE beispielsweise für Räder und Lenkräder, für Auspuffanlagen, Tempohaltesysteme (Tempomat, Tempostat, usw.) und Schubabschaltungssysteme. Der jeweils zuständige TÜV stellt in so einem Fall ein Gutachten zum Preise von ein paar tausend Mark aus, und aufgrund dieses Gutachtens erteilt dann das KBA Flensburg die Allgemeine Betriebserlaubnis. Eine solche ABE kann aber zusätzlich mit der Verpflichtung verbunden sein, daß dann noch die ordnungsgemäße Montage geprüft und im Kfz-Brief bestätigt wird. Das ist zum Beispiel bei Spoilern der Fall, bei denen nach der Anbringung kontrolliert werden muß, ob die Bremsen noch genügend Kühlluft bekommen, und ob nicht ein unzulässiger Auftrieb entsteht.

Andere Teile bedürfen einer sogenannten Bauartgenehmigung (ABG): Scheiben aus Sicherheitsglas, Scheinwerfer aller Art, auch Nebelleuchten, Schluß- und Bremsleuchten, Sicherheitsgurte, Anhängekupplungen, Fahrtenschreiber und vieles andere. Auch hier erteilt das KBA Flensburg die Betriebserlaubnis. Jedes danach hergestellte Exemplar bekommt einen Buchstaben und eine Kenn-Nummer eingeprägt.

Eine Allgemeine Betriebserlaubnis ist allemal ein teurer Spaß. Es gibt aber für manche Einzelteile einen etwas billigeren Weg, und das ist das Mustergutachten. In diesem Fall prüft eine auf das betreffende Objekt spezialisierte TÜV-Stelle ein Musterstück und fertigt ein Gutachten aus. Der Verkäufer muß dann jedem einzelnen Exemplar eine Kopie dieses Mustergutachtens beifügen. Der Halter des Wagens braucht sich nunmehr bei seinem örtlichen TÜV nur noch die ordnungsgemäße Montage bestätigen zu lassen, nicht die ordnungsgemäße Bauart des Teils. Ein Beispiel hierfür wäre der Einbau eines anderen Lenkrades oder eine Radhausverbreiterung.

Etwas billiger als eine ABE ist das Mustergutachten vor allem deshalb, weil es nur nach StVZO ausgestellt wird und nicht auch nach der EG- und ECE-Richtlinie.

Es mag etwas lächerlich erscheinen, wenn ein Autobesitzer, zum Beispiel wegen des Einbaues einer im oberen Teil eingefärbten Windschutzscheibe, beim TÜV vorfahren muß. Man nehme aber das Gewicht der ABE-Paragraphen der StVZO (das sind die Paragraphen 19 bis 22 A) nicht zu leicht. Wird nämlich an irgendeinem Teil etwas verändert, das der Betriebserlaubnispflicht unterliegt, und wird diese Veränderung nicht ausdrücklich vom TÜV gutgeheißen, so gilt das Fahrzeug von diesem Moment an als nicht mehr zugelassen und auch als nicht mehr versichert, mit allen schlimmen Konsequenzen. Schon ein anderes Lenkrad führt in diese Situation, ebenso die Verwendung einer Reifengröße, die für diesen Wagen nicht ausdrücklich freigegeben ist, erst recht ein tiefergelegtes Fahrzeug. Ohne eine entsprechende Betriebserlaubnis wäre die Benutzung des Fahrzeugs sogar strafbar und würde natürlich auch Flensburg-Punkte bringen.

Alle Fahrzeugteile, die also zum Beispiel die Tuning- und Veredlerbranche anbietet, und die nachträglich montiert werden, benötigen den TÜV-Segen. Dabei gibt es zwei Arten von Freigaben durch die sogenannte Typprüfung des TÜV:

– **Das Mustergutachten**
– **Die Allgemeine Betriebserlaubnis (ABE)**

Nicht allen Autofahrern ist bekannt, daß ein mit einem Mustergutachten versehenes Teil nach Begutachtung durch die örtliche TÜV-Stelle in jedem Fall in die Fahrzeugpapiere eingetragen werden muß, sonst erlischt die Betriebserlaubnis und das Fahrzeug ist ohne Versicherung.

Bei mit ABE versehenen Teilen gilt dies – mit

Frontspoiler mit Luftführungen für Motor und Bremsen

TÜV-Gutachten über einen Frontspoiler

nachfolgender wesentlicher Einschränkung – nicht: Wird das Teil eingebaut, bleibt die Betriebserlaubnis erhalten, vorausgesetzt, der An- oder Einbau erfolgte sachgemäß. Außerdem darf die Montage nicht in Verbindung mit Änderungen stehen, die einer TÜV-Abnahme und somit der Eintragung in die Fahrzeugpapiere bedürfen. Schließlich kann die Polizei bei Kontrollen das ABE-Gutachten verlangen – es sei denn, der Umbau ist durch den nachträglichen Eintrag in die Fahrzeugpapiere sanktioniert.

Selbst Fachleute geraten allzuleicht mit der Straßenverkehrs-Zulassungsordnung (StVZO) in Konflikt. Bei Fahrzeugteilen mit einer Allgemeinen Betriebserlaubnis (das können, wie schon gesagt, beispielsweise Spoiler, Felgen, Lenkräder oder auch Auspuffanlagen sein) sind zwei Dinge zu beachten: Nach der Montage einiger Teile ist die Fahrt zum TÜV und zur Zulassungsstelle erforderlich, wo das Teil in die Fahrzeugpapiere eingetragen wird. Ob eine Untersuchung nach Paragraph 19 der StVZO und eine Eintragung in die Fahrzeugpapiere notwendig ist, kann in der ABE nachgelesen werden.

Stellvertretend dazu ein Beispiel: Nehmen wir an, es wird ein Frontspoiler mit Allgemeiner Betriebserlaubnis (ABE) montiert, bei dem geänderte Luftführungen notwendig werden; darüber hinaus wird das Fahrzeug mit breiteren Felgen und Reifen versorgt.

In diesem Fall wird eine Fahrt zum TÜV notwendig, um die amtliche Bestätigung zu bekommen, daß das Fahrzeug in verkehrssicherem Zustand ist, und damit die Betriebserlaubnis sowie der Versicherungsschutz bestehen bleiben.

Zwei Punkte interessieren hier die Behörden:

- Sind die Kühlluftführungen nicht richtig oder überhaupt nicht montiert, erfolgte möglicherweise eine unsachgemäße Montage. Die Bremsen können überhitzen, das Fahrzeug ist nicht in verkehrssicherem Zustand.
- Breitere Felgen und Reifen als die vom Hersteller selbst angebotenen haben in aller Regel keine ABE und sind damit eintragspflichtig. Nicht selten ist der Einbau von solchen Rädern außerdem mit Auflagen verbunden, wie zum Beispiel einer ausreichenden Abdeckung der Reifenlauffläche durch die Karosserie, also beispielsweise durch einen Frontspoiler. Auch in diesem Fall ist der Frontspoiler – indirekt als Radabdeckung – abnahmepflichtig. Es empfiehlt sich deshalb, die ABE-Unterlagen genauestens zu lesen, um alle Bedingungen für die Eintragungsfreiheit zu erfüllen, sonst kann es Probleme bei Kontrollen und Schadensfällen geben.

Von allen Karosserie-Anbauteilen besitzt der Frontspoiler die stärksten Einflüsse auf die Änderung des Fahrverhaltens und der Fahrsicherheit. Er hat im wahrsten Sinne die »Nase im Wind« und ist damit hauptsächlich bestimmend für Änderungen des Luftwiderstandes und der Bodenpressung der Reifen.

Bei der Konzipierung von Frontspoilern sind drei Faktoren dominierend:

- **Bremsenkühlung**
- **Abtrieb**
- **Luftwiderstand**

Erster und wichtigster Punkt bei der Prüfung durch den Technischen Überwachungsverein ist die Bremsenprüfung. Hierbei wird eine Vergleichsmessung mit angebautem Frontspoiler gegenüber der Serienversion gefahren. Dabei wird zum Beispiel die sogenannte Abkühlkurve gemessen. Hierunter ist die Abnahme der Temperatur einer warmen Bremsscheibe durch Fahrtwindkühlung zu verstehen. Die Bremsscheibe wird nämlich durch Bremsen erhitzt bis zu einer vorgegebenen Temperatur von zum Beispiel 300 Grad Celsius. Die Temperatur wird dabei mit einem Meßfühler direkt an der Bremsscheibe abgenommen. Anschließend gibt dieser Temperaturfühler an, wie die Bremse bei konstanter Geschwindigkeit von 130 km/h von selbst durch den Fahrtwind abkühlt. Solche Parameter der Abnahmebedingungen sind in Richtlinien vorgeschrieben und genauestens definiert. Für den TÜV-Segen ist es notwendig, daß die Bremsenkühlung nicht schlechter als im Serienzustand ist.

Ein Großteil der heutigen Serienmodelle besitzt kosten- und gewichtsoptimierte Bremsen. Dies kann zu großen Problemen bei der Abnahme führen, sollte durch einen nachträglich angebauten Frontspoiler die vom Werk vorgesehene Luftzufuhr der Bremsen verändert werden. Besonders kritisch wird es bei sehr tiefgezogenen Frontspoilern, die dann zusätzliche Luftkanäle zu den Bremsen notwendig machen.

Ein weiterer wichtiger Punkt bei der Abnahme eines Frontspoilers durch den TÜV ist die Messung des Ab- beziehungsweise Auftriebswertes an der Vorder- und Hinterachse. Der Ab- und Auftrieb ist diejenige Kraft, mit der das jeweilige Rad gegenüber der Kraft im Stand bei Fahrt zusätzlich auf den Boden gepreßt wird. Im Falle eines Auftriebes nimmt mit zunehmender Geschwindigkeit die Anpreßkraft ab, das heißt, das Auto wird »leichter«, der Bodenkontakt nimmt ab. Dies ist häufig der Fall, obwohl die Auftriebskraft bei den heutigen Serienfahrzeugen zumeist relativ klein bleibt.

Wiegt ein Personenwagen zum Beispiel 1000 Kilogramm bei absolut gleichmäßiger Radlastverteilung, verteilt sich das Gewicht auf jedes Rad mit 250 Kilogramm. Dasselbe Fahrzeug bekäme beispielsweise an der Vorderachse bei einer Geschwindigkeit von 200 km/h einen Auftrieb, der in etwa 40 Kilogramm entspricht. An jedem Rad würde noch eine Bodenlast von 230 Kilogramm beziehungsweise 92 Prozent verbleiben.

Es ist also unbedingt darauf zu achten, daß durch den nachträglichen Anbau von Karosserieteilen, insbesondere Front- und Heckspoiler sowie Flügel, der dem Serienzustand entsprechende Ab- und Auftriebswert nicht verschlechtert werden darf. Bei der Ausbildung von Frontspoilerformen muß man auf ausreichende Abtriebsflächen achten.

Die meisten Serienautos besitzen ohnehin relativ harmlose Frontspoiler. Deshalb erfüllen zumeist auch jene das Kriterium des Abtriebes, die ohne technisches Wissen arbeiten. Es genügt hier bereits in den meisten Fällen eine kräftige »Schaufel«, und der Abtriebswert wird erfüllt.

Grenzen setzen hier zumeist zwei Werte, die der TÜV ebenfalls überprüft:

- Der Abstand der Spoilerunterkante zum Boden darf ein Minimalmaß nicht unterschreiten, um die allgemeine Gebrauchstüchtigkeit im Straßenverkehr nicht unzulässig einzuschränken. Beim Einfedern des Fahrzeuges könnte zum Beispiel der Spoiler an einem Kanaldeckel hängenbleiben.
- Die Karosserieanbauteile dürfen die serienmäßigen Fahrzeugbegrenzungen (wie Stoßstangen, Kotflügel oder ähnliches) nicht wesentlich überragen. Ist dies dennoch der Fall, ist die Eintragung der geänderten Maße in die Fahrzeugpapiere notwendig. Hierbei überprüft der Sachverständige sorgfältig, ob die überstehenden Teile den Sicherheitsanforderungen genügen, so daß keine scharfkantigen Stellen oder andere verletzungsgefährdende Bereiche entstehen.
- Der Frontspoiler hat auch Einfluß auf die Anpressung der Hinterachse auf die Straße. Wird vorn zu starker Abtrieb erzeugt, kann hinten Auftrieb entstehen. In vielen Fällen ist deshalb zwingend der Frontspoiler mit einem zugehörigen Heckspoiler eintragungspflichtig. Die Montage des Frontspoilers allein ist in diesen Fällen verboten.

Außerdem muß, wie auch bei der Heckschürze, darauf geachtet werden, daß ein Fahrzeug nach wie vor abgeschleppt werden kann.

Für den Gesetzgeber ist, zumindest nach den derzeitigen Vorschriften, nicht relevant, ob sich der Luftwiderstandsbeiwert (c_w-Wert) oder gar der Luftwiderstand ($c_w \times A$) nach dem Anbau von irgendwelchen Teilen selbst ändert, sofern dies sich im Rahmen der zulässigen Abweichungen für die Fahrzeugabnahme im allgemeinen bewegt. Eine minimale Abweichung der Höchstgeschwindigkeit ist zum Beispiel zulässig; nimmt sie dagegen deutlich meßbar zu, etwa 8 km/h, wäre dies sicher meßbar und würde entsprechende Änderungen in den Fahrzeugpapieren notwendig machen.

Ähnliches gilt natürlich auch für die Motorleistung oder den Benzinverbrauch. Bewegen sich die Änderungen innerhalb der Grenzen der werksseitigen Werte beziehungsweise der gesetzlich zulässigen Toleranzen, sind sie natürlich unbedenklich. Gravierende Änderungen unterliegen dagegen der Abnahmepflicht und müssen gegebenenfalls in die Fahrzeugpapiere eingetragen werden. Solche Änderungen treten häufig beim Gebrauch von verschiedenen Reifengrößen auf.

Insgesamt bleibt aber immer noch genug Spielraum und Eigenverantwortung für denjenigen, der beabsichtigt, einen Frontspoiler zu bauen; denn die gesamte Verantwortung nimmt ihm der TÜV nicht ab.

Technisch einfacher zu handhaben sind dagegen die Entwicklungen von Seitenschwellern und Heckschürzen. Bei den Seitenschwellern muß im wesentlichen darauf geachtet werden, daß die serienmäßige Wagenheberaufnahme erhalten

Heckschürze und Seitenschweller sind technisch einfacher zu handhaben. Beim Seitenschweller muß lediglich die Aufnahme für den Wagenheber erhalten bleiben. Breitreifen sind in jedem Fall eintragungspflichtig. Kotflügelverbreiterungen decken die breiten Räder ab.

bleibt oder gegebenenfalls spezielle Wagenheber dem Kunden mitzuliefern sind.

Im übrigen sind die Seitenschweller weitgehend Geschmacksache. Ihre aerodynamische Bedeutung ist, gegenüber dem Einfluß des Frontspoilers, relativ gering, wenn auch die Theorie und einige praktische Versuche im Windkanal dafür sprechen, daß die Strömung zwischen den Rädern durch glattflächige »Schürzen« beruhigt und damit der c_w-Wert verbessert wird. Einen Vorteil, der durch einen, wenn auch geringen, Nachteil erkauft wird, haben Seitenschweller fast alle: Die Verschmutzung der Wagenseiten, die bei neueren Fahrzeugkreationen oft bis zur Gürtellinie reicht, wird erheblich reduziert – dafür muß der Schritt beim Einsteigen etwas größer ausgeführt werden und im schlimmsten Fall bekommt die Hose etwas ab.

Aber dafür bietet der Seitenschweller einen ganz entscheidenden Faktor für die Optik: Tief und breit muß das Auto nach dem Umbau aussehen.

Für die Zukunft ist zu erwarten, daß bei den Seitenschwellern erheblicher Aufwand bei Produkten der Spitzenklasse betrieben wird. Bei höheren Geschwindigkeiten absenkbare Seitenschweller würden nämlich einen Saugeffekt unter dem Wagenboden erzeugen, der zu mehr Bodenhaftung führt.

Hierdurch wäre es umgekehrt möglich, die übrigen Karosserieteile gezielter auf geringeren Luftwiderstand auszulegen und dem Faktor »Abtrieb« vermehrt nur dort die Priorität zu geben, wo er erforderlich ist, nämlich bei hohen und höchsten Geschwindigkeiten.

Absenkbare Frontspoiler, Heckschürzen und Seitenschweller würden bei niedrigem Tempo die Alltagstauglichkeit, etwa beim Überfahren von Bordsteinen, gegenüber einem gleichen Typ ohne Anbauteile nicht wesentlich verschlechtern. Ausgefahren bei hohen Geschwindigkeiten, würden sie aber durch ihre eigene aerodynamische Ausbildung und den zusätzlichen Unterdruck, der sich unter dem relativ dicht durch die Anbauteile abgeschlossenen Unterboden mit der Straße bildet, doppelte positive Auswirkung auf die Bodenpressung haben.

In Anbetracht der Tatsache, daß c_w-Wert-Verbesserungen in den nächsten Autogenerationen mit immer größerem Aufwand verbunden sind, weil die Absolutwerte bereits heute sehr gut sind, werden solche relativ kostspieligen Entwicklungen, die eine Saugwirkung des Unterbodens und deren Auswirkung auf c_w-Wert und Anpressung betreffen, von größter Bedeutung sein. Der beste »Groundeffect« wäre mit einem trichterförmigen, glatten, nach den Seiten abgeschlossenen Unterboden, wie er heute bereits im Rennsport angewandt wird, zu erzielen.

Dies ist jedoch mit teuren Nebenmaßnahmen verbunden, wie zum Beispiel der erwähnten Absenkbarkeit der Spoiler und Seitenschürzen, ausgeklügelter Motor-, Getriebe- und Auspuffanlagenkühlung durch den vollverkleideten Unterboden und aerodynamische Optimierung der Radaufhängungen sowie Bremsenausbildung – möglicherweise auch mit Verkleidungen und speziellen Luftzuführungen.

Der aerodynamische Einfluß einer Heckschürze ist noch weniger klar, als der des Seitenschwellers. Es kann demnach davon ausgegangen werden, daß der zumeist damit kombinierte Heckspoiler von der Auswirkung her weit dominiert. Die Heckschürze ist zumeist mehr optischer Abschluß der Seitenlinie, die durch Frontspoiler und Seitenschweller begonnen und nach hinten fortgesetzt wird. Nicht zuletzt deshalb gibt es die Lösung, nur seitliche Teile hinter den Radläufen anzubringen.

Der Vorteil der meisten Heckschürzen liegt weitgehend in der Optik, denn durch sie wirkt das Heck meist bulliger und in den meisten Fällen wird der in der Serie oft häßlich sichtbare Reserveradboden und auch die zumeist nicht gerade erbaulich aussehende Auspuffanlage verdeckt. Es ist jedoch unbedingt darauf zu achten – und das geht den Entwickler genauso an wie den TÜV-Sachverständigen und die Kunden –, daß die Heckschürzen nie zu nahe an die Auspuffrohre montiert werden. Es ist immer wieder festzustellen, daß zum Beispiel keine Auspuffblenden zur Verlängerung der Endrohre zur Verfügung stehen, und die Abgase dann innerhalb der Heckschürze ihr Unheil treiben.

Dies kann nicht nur dazu führen, daß Abgase vom Wagenboden her in den Innenraum gelangen, sondern es wird im wahrsten Sinne des Wortes eine ganz heiße Angelegenheit: Die Heckschürze beginnt zu brennen oder zumindest zu schwelen – oft noch angefacht durch den Fahrtwind. Zwar ist bei der TÜV-Abnahme eine Vorschrift über die Brandsicherheit der verwendeten Materialien zu beachten, aber dies kann nicht die völlige Unbrennbarkeit dokumentieren.

Kotflügelverbreiterungen sind technisch nur dann sinnvoll, wenn damit tatsächlich auch breitere Reifen abgedeckt werden müssen. Ansonsten stellen sie aerodynamisch nur Nachteile in Aussicht: Es kommt zu einem schlechteren c_w-Wert und außerdem zu einem größeren Fahrzeugquerschnitt.

Bei den Kotflügelverbreiterungen ist unbedingt auf eine ausreichende Befestigung zu achten, vor allem so, daß sie nicht einreißen und dann wie Spieße eine akute Straßenverkehrsgefährdung darstellen.

Nebenprodukte der Tuningbranche wie Windsplits oder Hutzen für Motorhauben, sind technisch unbedeutend. Sie stammen zumeist vom Rennsport, wo sie, vielfach größer dimensioniert, technisch auch notwendig sind.

Ähnliches gilt für die meisten Kühlergrills. Sie dienen vielfach nur dazu, das Auto optisch von der Serie abzuheben. Allerdings besteht auch hier, bei sorgfältiger und seriöser Bemühung, häufig die Möglichkeit, einen technischen Nutzen für die Alltagstauglichkeit beizutragen. Einerseits läßt sich durch Beseitigung zerklüfteter Frontpartien der Luftwiderstandsbeiwert positiv beeinflussen, andererseits lassen sich zumindest bei manchen Fahrzeugtypen die Lichtverhältnisse durch mehr oder bessere Scheinwerfer optimieren. Jedoch muß durch den Einbau einer glattflächigen »Nase« nach wie vor die Kühlleistung gewährleistet sein.

Neben Frontspoilern haben Heckleitwerke in Form von Heckspoiler oder Heckflügel die größte Auswirkung auf die Fahrdynamik. Wie beim Frontspoiler werden sowohl der Luftwiderstandsbeiwert (c_w), als auch der Abtrieb entscheidend beeinflußt. Außerdem wird, aufgrund seiner exponierten Lage, der Heckspoiler beziehungsweise -flügel einer sorgfältigen Prüfung hinsichtlich der Verletzungsgefahr bei Unfällen unterworfen.

Während über die Änderung des c_w-Wertes bei Heckspoilern und -flügeln nur schwerlich generelle Aussagen getroffen werden können, gilt global für den Abtriebswert, daß der Heckspoiler um so mehr Abtrieb erzeugt, je größer und je steiler er angestellt ist. Letzteres ist in der Praxis natürlich nur bis zu einem gewissen Grad möglich, da der Flügel sonst zum »Bremsfallschirm« würde. In der Regel sorgt

Heckleitwerke, in Form von Heckspoiler oder Heckflügel, beeinflussen die Fahrdynamik, sie verändern den Luftwiderstandsbeiwert und den Abtrieb. Außerdem erfolgt eine sorgfältige Überprüfung hinsichtlich Verletzungsgefahr.

ein Heckspoiler für erheblichen Abtrieb an der Hinterachse. Deshalb wird nicht selten empfohlen oder sogar vorgeschrieben, einen passenden Frontspoiler gleichzeitig zu montieren, um die entstehende Entlastung der Vorderachse zu kompensieren.

Bis vor einiger Zeit war davon auszugehen, daß nur Weichgummi-Heckspoiler den TÜV-Segen bekommen. Dies hat sich inzwischen gewandelt. Es gibt inzwischen nicht nur Heckspoiler und -flügel aus hartem Material wie Blech oder glasfaserverstärktem Kunststoff (GFK), die einen breiten Gummiwulst als Aufprallschutz aufweisen, sondern auch reine GFK-Teile. Dies ist möglich, weil die gesetzlich zulässigen Grenzwerte für die maximale Verzögerung eines Prüfkörpers – dies simuliert den Aufprall eines Fußgängers bei einem Unfall – durch entsprechende Ausbildung des Spoilers beziehungsweise Flügels in GFK unterschritten werden können.

In jedem Fall muß der äußeren Gestaltung große Beachtung geschenkt werden, da Heckspoiler und -flügel auf keinen Fall scharfkantig oder abstehend ausgeführt sein dürfen. Bei der Abnahme sind deshalb der Abstand von der Karosserie und die Außenradien der Flügelkonturen sowie der Übergang zur Karosserie kritischen Blicken unterworfen. Ferner ist die Befestigung an der Karosserie sorgfältig zu prüfen, da ein Spoiler beziehungsweise ein Flügel im Fahrbetrieb teilweise sehr großen Belastungen infolge der Windkräfte bei hohen Geschwindigkeiten unterworfen ist.

Eine gewisse Zwitterstellung nehmen die in den letzten Jahren vermehrt angebotenen Abrißkanten ein, die auf vorhandene Gepäckraumdeckel montiert werden. Sie können einerseits nicht so relativ scharfkantig ausgebildet werden wie die aufgesetzten Gummispoiler, andererseits haben sie gegenüber der glattflächigen Gepäckraumhaube doch zum Teil leichte aerodynamische Vorteile, da sie bei entsprechender Ausbildung offensichtlich zu einem besseren Abriß der Luftströmung am Heck führen.

Von der Idee zur Form

Spoilermaterial

Bei der Herstellung von Formen und Teilen muß die Frage nach dem geeigneten Material beantwortet werden. Je nach Stückzahl, Karosserieteil und Verwendungszweck, können sich im späteren Fahrbetrieb werkstoffspezifische Eigenschaften auch negativ auswirken.

Dabei spielen folgende Kriterien eine entscheidende Rolle:

- Energieabsorbierung bei Unfällen
- Werkstoffverhalten bei Temperaturwechseln
- Lackierbarkeit der Oberfläche

Wie bereits erwähnt, gibt es unterschiedliche Herstellungsverfahren für Karosserieteile. Im wesentlichen handelt es sich dabei um drei Materialien:

- Metalle, das heißt Stahl- und Aluminiumbleche
- Hartkunststoffe
- weiche Kunststoffe

Stahl- und Aluminiumbleche kommen heutzutage selten zum Einsatz, da sie entweder sehr hohe Werkzeuginvestitionen zum Pressen erfordern oder von Hand geformt werden müssen. Darüber hinaus ist wegen der relativ niedrigen Stückzahlen und dem notwendigen Anschweißen oder Annieten an die Karosserie der Einsatz von Metallen nicht vertretbar, zumal die Montage, zumindest vom Karosseriebauer, sehr großes handwerkliches Geschick erfordert.

Außerdem ist der Anbau sehr arbeitsintensiv, so daß die Bearbeitung von Hand nur von wenigen Spezialisten zu relativ hohen Preisen durchgeführt werden kann. Entsprechend ist der Anwendungsbereich auch nur auf sehr teure Umbauten beschränkt. Die Kosten für die üblichen Spoilerzutaten liegen hier bereits im Bereich fünfstelliger Zahlen. Eine gewisse Ausnahme bilden hier Kotflügelverbreiterungen und die nachträglichen Spoilerkanten auf der Gepäckraumhaube, da in beiden Fällen die Teile relativ kleinflächig und flach sind, und auch bei Materialien aus Kunststoff angenietet, verspachtelt und das Ganze neu lackiert werden muß.

Im allgemeinen beschränkt sich die Materialauswahl auf Kunststoffe. Es gibt hier wieder im wesentlichen drei Sorten:

- **die glasfaserverstärkten Kunststoffe (GFK)**
- **die Tiefziehfolien**
- **die Schäume**

GFK sind mit Glasfasern in Form von Matten, Gewebe, oder von kurzen Fäden durchsetzte Harze, die durch Zugabe von Härtern erstarren und so ein hartes, sehr festes und relativ stark beanspruchbares Bauteil ergeben. Die Grundsubstanz

Die interessantesten Ideen einer Form – hier eine Daimler-Benz-Studie – werden zunächst nur zeichnerisch fixiert.

Automobilwerke stellen für die realistischere Betrachtungsweise Modelle aus Holz und Ton her. Im lackierten Zustand werden diese »Automobile« einer eingehenden Prüfung unterzogen, und daraufhin wird das endgültig zu entwickelnde Fahrzeugmodell ausgewählt.

liefert das Harz, die Festigkeit und Elastizität wird durch die Glasfaser erzeugt.

Das Arbeiten mit GFK hat den Vorteil, daß die Negative, also der Abguß der Modelle, die dem später produzierten Teil entsprechen, ebenfalls aus Glasfaser sind und damit relativ kostengünstig in die Kalkulation einfließen können. Dies gilt für sogenannte Handlaminat-Teile, also in Einzelfertigung manuell hergestellte Anbauteile. So lassen sich auch bei kleineren Stückzahlen die Investitionen für die Werkzeuge vertreten.

Erheblich teurer, aber ebenfalls noch tragbar bei relativ geringen Stückzahlen, ist das Tiefziehen mit Kunststoffplatten, das Folientiefziehen.

Diese Teile sind etwa 1,5 bis 2,0 Millimeter stark und bei entsprechender Sorgfalt bei der Vorbereitung der Prototypteile sehr paßgenau. Es besteht aber der Nachteil, daß das harte Material relativ spröde ist und insbesondere bei Minusgraden sehr leicht bricht. Risse können schon durch die vorhandenen Spannungen entstehen, die bei der Montage noch geblieben sind, überlagert durch die Belastung beim Fahren, ohne Gewalteinwirkung von außen. Aus Tiefziehfolien werden vorwiegend Kühlergrills, Frontspoiler, Seitenschweller und Heckschürzen hergestellt.

In der Anfangszeit des optischen Tunings hatten Materialien aus Schaum noch den enormen Nachteil, daß sie sehr porös waren und das Wasser aufsogen. Der erste Frost hinterließ dann an diesen Teilen die entsprechenden Spuren.

Inzwischen zählen die Schäume, qualitativ gesehen, zu den sehr guten Ausgangsmaterialien. Besonders hohe Festigkeit, verbunden mit überragender Elastizität, bieten die mit Glasfasern durchsetzten Schäume. Die Werkzeugkosten zur Herstellung von Teilen aus solchen Materialien, sind jedoch enorm hoch und amortisieren sich nur bei Stückzahlen, die ein kleiner oder mittlerer Veredelungsbetrieb nicht erreicht.

Aus wirtschaftlichen Gründen sind somit den Schäumen bereits natürliche Grenzen gesteckt, denn auf Änderungen am Serienfahrzeug oder bei einer falschen Einschätzung des Käuferverhaltens kann bei weitem nicht so schnell und so leicht reagiert werden wie bei GFK-Teilen. Schäumteile besitzen außerdem materialbedingt die Eigenschaft, mit zunehmendem Alter und insbesondere unter Hitzeeinwirkung die Form zu verändern und vorhandene Spannung im Material, zum Beispiel durch Befestigungen, abzubauen. Als Folge davon liegen häufig solche Teile nach einiger Zeit nicht mehr sauber an, verwinden oder verziehen sich stark.

Kaufberatung

Der Selbstanbau von Karosserieteilen ist mit einer gewissen Vorsicht zu genießen. Nur wenn eine sorgfältig ausgearbeitete und verständlich geschriebene Montageanleitung vorliegt, ist ein Gelingen der Arbeit gewährleistet. Natürlich gehören nicht nur technisches Verständnis, sondern auch eine Portion handwerkliches Geschick dazu, zum Beispiel einen Frontspoiler oder eine Heckschürze zu montieren, zumal jedes Serienauto gewisse Toleranzen aufweist, die es gilt, beim Anpassen von Anbauteilen zu berücksichtigen. Schließlich soll das Teil auch nach dem Lackieren spannungsfrei sitzen. Das notwendige Spezialwerkzeug (zum Beispiel Bohrmaschine, Spannzangen, Lackset usw.) wird natürlich vorausgesetzt.

Beim Kauf von Karosserieanbauteilen sollten Interessenten bereits daran denken, daß ihr Auto eines Tages auch wieder verkauft werden soll. Abgesehen von optisch extrem aussehenden Umbauten, die auf dem Gebrauchtwagenmarkt entsprechend wenige Käufer ansprechen, sollte vor allem darauf geachtet werden, daß das Fahrzeug bei der Anbringung der Teile möglichst wenig beschädigt wird. Zum Beispiel bieten alle Löcher, Schlitze oder Einschnitte Ansätze für Rostbildung, falls nicht mit äußerster Sorgfalt versiegelt und abgedichtet wird, was – leider – zumeist nicht der Fall ist.

Die ideale Befestigung erfolgt normalerweise an den bereits serienmäßig vorhandenen Bohrungen, Schrauben und Klammern. Noch besser wäre natürlich der Einsatz von Teilen, die das Original nur ersetzen und gleich befestigt werden können. Und wenn in der Praxis schon die Karosserie zur Anbringung von Zusatzteilen bearbeitet werden muß, sollten möglichst wenige Bohrungen angebracht werden müssen.

Besonderen Vorschub für die Rostbildung leisten Teile, die mit der Karosserie Hohlräume bilden, in die Feuchtigkeit eindringen kann und bei denen zusätzlich der Lack großflächig beschädigt werden muß. Dies ist zum Beispiel bei manchen Kotflügelverbreiterungen der Fall.

Günstiger wäre es, wenn man die Teile gegebenenfalls zum Verkauf des Autos wieder abbauen könnte, um das Fahrzeug ohne größeren Aufwand wieder in den Originalzustand zu versetzen. Liebhaber optischer Tuningteile sollten also gut überlegen, was sie sich einhandeln, bevor sie beginnen, Löcher in die Oberseite der Kotflügel, in die Motor- oder Gepäckraumhauben oder gar in das Dach zu bohren. Das zu tun, bedarf ohnehin schon einiger Begeisterung für das entsprechende Tuningteil.

In jedem Fall ist stets zu überprüfen, ob die Bauteile über eine Abnahmebescheinigung verfügen oder ob sie eintragungspflichtig sind. Dieser Hinweis ist in keinem Fall auf die leichte Schulter zu nehmen. Denn stehen solche Teile nicht in den

Fahrzeugpapieren, im Kraftfahrzeugbrief und vor allem im Kraftfahrzeugschein, kann es im Falle eines Unfalles zu bösen Überraschungen kommen, bis hin zum Verlust des Versicherungsschutzes.

Ein harmlos anmutendes Beispiel hierfür sind die geschwärzten Heckleuchten. Falls sie über keine Zulassung durch den TÜV verfügen, kann bei einem Auffahrunfall durchaus das Problem auftreten, daß, wegen der mangelhaften Leuchtkraft, der Geschädigte selbst zumindest einen Teil des Schadens tragen muß.

Besonders kritisch wird es bei verkehrsgefährdenden Teilen wie beispielsweise nicht zulässigen Heckflügeln mit scharfen Kanten. Hier ist es durchaus denkbar, daß bei Personenschäden sogar mit einem Verfahren wegen Körperverletzung gerechnet werden muß. Und das ist wahrlich kein Kavaliersdelikt mehr – ganz davon abgesehen, daß in diesem Falle wohl jede Versicherung den Schutz wegen grober Fahrlässigkeit entziehen wird. Gleiches gilt auch für unzulässig breite Felgen, die eventuell zum Bruch der Radaufhängung und ähnlich lebenswichtigen Teilen führen können.

So sind also die Grenzen schon gesteckt, ab denen Spaß und Risiko der extremen Optik zur Gefahr werden können – für den Tuning-Fan selbst und für andere. Werden aber die gesetzlichen Bestimmungen hinsichtlich der Abnahme durch die Behörden eingehalten, bleibt der Spaß allein übrig – und das ohne Reue.

Fahrwerkstuning

In keinem Bereich der Automobiltechnik ist die Divergenz zwischen Forderungen und notwendigen Kompromissen so groß wie bei der Konzeption von Fahrzeugen, deren Höchstgeschwindigkeit über 200 km/h liegt; bei Spitzenmodellen kann sie sogar die 300 km/h-Marke überschreiten.

Ein Jumbo-Jet schwebt beispielsweise mit knapp über 200 km/h zur Landung an – Autofahren bei gleicher Geschwindigkeit und mehr könnte man daher schon fast als Tiefflug bezeichnen. Allerdings stimmt der Pilot das Flugzeug beim Landen auf die notwendige Geschwindigkeit ab. Landeklappen und Vorflügel werden ausgefahren, die Höhenruder speziell getrimmt, das Fahrwerk ausgefahren.

Beim Autofahren mit Spitzengeschwindigkeiten von über 200 km/h ist eine kontinuierliche Abstimmung auf das Tempo kaum möglich. Dennoch wäre dies nötig, denn die Aerodynamik spielt in diesen Fahrbereichen eine gewichtige Rolle: Der Luftwiderstand steigt in der dritten Potenz der Geschwindigkeit. Er ist also bei 200 km/h gegenüber 100 km/h nicht doppelt so hoch wie dies bei der Geschwindigkeit der Fall ist, sondern achtmal, bei 300 km/h sogar 27mal so hoch. Außerdem muß der Auftrieb, dem das Fahrzeug dabei ausgesetzt ist, in Grenzen gehalten werden. Dies erreicht man natürlich mit dem Anbau von Spoilern. Im Gegensatz zum Flugzeug sind diese aber, bis auf einige wenige, nicht verstellbar: Sie können nur für eine einzige Geschwindigkeit optimale Wirkung bringen.

Gutmütige Eigenschaften werden bei den modernen Hochleistungsfahrzeugen in jedem Fahrzustand verlangt, egal ob beim Bremsen oder Kurvenfahren, egal ob gering oder vollbeladen. So hat denn auch ein modernes Automobil-Fahrwerk nichts mehr mit dem groben Maschinenbau von einst zu tun. Ungefüge Achsen und dicke Federpakete gibt es zwar noch, aber nötig sind sie allenfalls in gewichtigen Nutzfahrzeugen. Ein handliches und komfortables Personenauto erfordert vom Fahrwerksbauer eher Filigranwerk mit feiner Mechanik und kunstvoller Abstimmung.

Auch sollten jene Teile, die dem guten Fahren dienlich sind, nicht allzuviel Platz in Anspruch nehmen. Die vier Räder eines Autos umgrenzen nur einen kleinen Teil der Welt. Hiervon möglichst viel in nutzbaren Raum umzusetzen – auch das gehört zum Fahrwerksbau.

Je stärker die Motor- und Fahrleistungen eines Automobils ausfallen, desto höher sind auch die Ansprüche an die jeweiligen einzelnen Fahrwerkskomponenten. Die Reifen eliminieren einen Großteil der Fahrbahnstöße. Größere Unbilden nehmen Federung und Dämpfung auf, Vibrationen verschlucken Gummilager zwischen Karosserie und Fahrwerk, und auch die Sitze sind durch dosierte Nachgiebigkeit an der Federungsarbeit beteiligt.

Das Rad gilt als die größte Erfindung der Menschheit, wandelte sich jedoch im Laufe der Jahrhunderte. Geblieben ist das Prinzip mit dem abrollenden Kreis und der Achse in der Mitte. 1 = Holzscheibenrad aus der Wikinger-Zeit (um 900 n. Chr.), 2 = Holzspeichenrad an einem Prunkwagen von König Ludwig II. (um 1885), 3 = Drahtspeichenrad am Daimler-Stahlradwagen (1888/89), 4 = Holzspeichenrad am Automobil von Amadée Bollée (1900), 5 = Rad mit gepreßter Stahlfelge, 6 = Rad mit gegossener Leichtmetallfelge.

Beschleunigen, Bremsen und Lenken üben beträchtliche Kräfte in verschiedene Richtungen aus, denen das Fahrwerk gewachsen sein muß. Dafür sorgt eine sorgsam berechnete Aufhängungsgeometrie, die allen Bewegungen unterworfen ist. Der »spurstabilisierende Lenkrollradius« zum Beispiel verhindert, daß der Wagen durch ungleichmäßige Fahrbahneinflüsse der beiden Vorderräder beim Bremsen aus der Richtung gerät. Unsichtbare Helfer verteilen die Bremskraft auf Vorder- und Hinterräder, wobei den vorderen Scheibenbremsen die Hauptarbeit zufällt.

Die Probleme, die sich der Lösung einer solchen Aufgabe in den Weg stellen, sind deutlich: Ein weich abgestimmtes Fahrwerk garantiert einerseits ein komfortables Reisen durch seine Fähigkeit, auch grobe Straßenunebenheiten zu neutralisieren. Es mindert aber andererseits auch das sportliche Fahrvergnügen, weil der spürbare Kontakt zum Fahr- und Federungsverhalten eingeschränkt ist. Ein hartabgestimmtes Fahrwerk wiederum ermöglicht eine ausgesprochen sportliche Fahrweise mit hoher Sicherheit bis in den Grenzbereich, erweist sich im Langstrecken- und Stadtbetrieb jedoch oftmals als unkomfortabel und belastend, häufig sogar als so anstrengend, daß der Fahrer eine aggressive Fahrweise einschlägt.

Scharfer internationaler Wettbewerb führte zu rasanten technischen Entwicklungen und zu einer wahren Leistungsexplosion auf dem Gebiet des Motorenbaus. Nahezu unvermeidlich zog der »Fahrwerkstrimm« nach. Individuelle Sonderwünsche auf diesem Sektor erfüllen die Fahrwerkstuner. Doch alle diese Maßnahmen – ob nun für zivilen Einsatz oder für sportliche Ambitionen – laufen auf Fahrsicherheit bei höheren Geschwindigkeiten hinaus:

- Höhere Kurvengrenzgeschwindigkeit
- Bessere Kontrolle im Grenzbereich
- Gute Richtungsstabilität
- Geringe Seitenwindempfindlichkeit
- Optimale Kraftübertragung
- Wirksamere Bremsen

Fahrwerkstuning ist jedoch nichts für den Laien und sollte den nachweislich qualifizierten Fachbetrieben überlassen bleiben. Diese Tuningspezialisten bieten auf den jeweiligen Fahrzeugtyp abgestimmte Kits, die dann auch in schriftlicher Form vom TÜV abgesegnet sind.

Zu den gezielten Maßnahmen am Fahrwerk zählen:

- **Änderung des Federungs- und Dämpfungsverhaltens**
- **Tieferlegen des Fahrwerks**
- **Spurverbreiterung**

Unter anderem bedeutet dies den Austausch folgender Teile:

- **Stoßdämpfer**
- **Federn**
- **Stabilisator**
- **Felgen**
- **Reifen**

Der Einbau von strafferen Dämpfern zählt zu den häufigsten Tuningmaßnahmen, zumal die Montage relativ leicht durchführbar ist. Bei den sogenannten Sportdämpfern handelt es sich um Ausführungen, die hinsichtlich Funktion und Lebensdauer höheren Anforderungen gerecht werden, als die normalen Standardausführungen. Natürlich gilt dabei zu beachten: Je stärker der Dämpfungsfaktor, desto mehr an Komfort wird eingebüßt.

Grundlagenforschung auf diesem Gebiet betreibt die Automobilindustrie, Praxiserfahrungen werden unter anderem im Rennsport gesammelt. Die Dämpfung ist ein Kompromiß zwischen guter Straßenlage und angenehmem Fahrkomfort. Für den Einsatz im sportlich gefahrenen Automobil, wird die Dämpfungscharakteristik straffer ausgelegt, um ein Optimum an Straßenlage auch in extremen Fahrsituationen zu erzielen. Spezielle Dämpfer, zum Beispiel die von Koni, lassen eine differenzierte Abstimmung zu, sie sind einstellbar. Für den ambitionierten Fahrer stehen komplette TÜV-abgenommene Kits und speziell darauf abgestimmte Federn zur Verfügung. Dadurch wird auch ein Tieferlegen des Fahrzeugs erreicht.

Seit einiger Zeit hält die Elektronik Einzug in die Fahrwerkskonstruktion. Verschiedene Serienhersteller preisen das sogenannte Elektronik-Fahrwerk

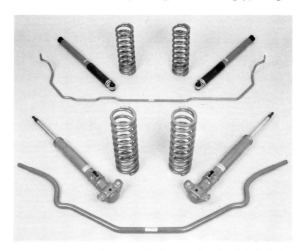

Sportfahrwerks-Kit von Carlsson: Gasdruckfederbein-Einsätze, Gasdruckstoßdämpfer mit Sportfeder, Stabilisatoren – um 40 mm tiefer gelegte Fahrwerksabstimmung.

Dämpferbein-Vorderachse des Mercedes 190 E 2.3-16 (W 201).

an. Dabei wird die Fahrwerksabstimmung (Dämpferhärte und Bodenfreiheit) automatisch dem Straßenzustand, der Fahrsituation, der Fahrzeugbelastung und der gefahrenen Geschwindigkeit angepaßt – blitzschnell und mit höchster Zuverlässigkeit.

Um das zu erreichen, messen Sensoren ständig die Beschleunigung und Verzögerung, die Seitenneigung und den Lenkeinschlag, die Fahrzeughöhe vorn und hinten, die Fahrzeuggeschwindigkeit und den Lastzustand des Motors.

Die Meßdaten werden in einem Mikroprozessor verarbeitet, der dann die entsprechenden Befehle zur Fahrwerkseinstellung erteilt. Die Regulierung erfolgt beispielsweise durch Luftfederelemente über den vier Federbeinen. Indem ihnen Luft zugeführt oder entzogen wird, werden Federung und Dämpfung straffer oder weicher und die Bodenfreiheit höher oder niedriger. Immer so, wie es die jeweilige Situation erfordert.

Andere Firmen bieten die per Hand regelbare Dämpfung an: Das System der elektronisch dreifach verstellbaren Gasdruckstoßdämpfer, die mittels eines Schalters vom Fahrer eingestellt werden können. Dabei wird über eine zentrale Steuereinheit ein in jeden der vier Dämpfer eingebauter Motor betätigt, der die Strömungsgeschwindigkeit des Hydrauliköls durch Verstellen eines Ventiles reguliert und somit die Härte des Dämpfers bestimmt. Der »Pilot« hat so die Möglichkeit, zwischen den drei Dämpferabstimmungen »weich«, »normal« und »hart« zu wählen.

Wer seinen Wagen wettbewerbsmäßig nutzt, wird sich bestimmt auch um die Querstabilisatoren Gedanken machen. Die serienmäßige Bestückung zeigt bei sportlicher Fahrweise oft nur bescheidene Wirkung. In verstärkter und auf das jeweilige Fahrzeug genau abgestimmter Ausführung, läßt sich die Kurvenneigung deutlich verringern und die Fahrsi-

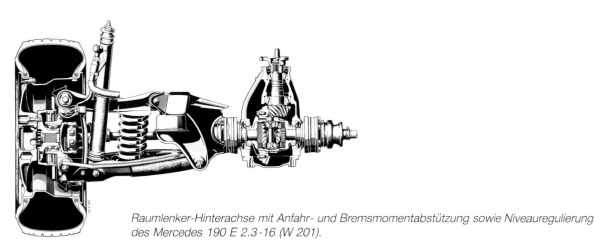

Raumlenker-Hinterachse mit Anfahr- und Bremsmomentabstützung sowie Niveauregulierung des Mercedes 190 E 2.3-16 (W 201).

cherheit beziehungsweise Kurvenstabilität entscheidend verbessern.

Da es sich hierbei um einen ziemlich komplexen Tuningeingriff handelt, der nicht ohne weiteres von jeder Firma durchgeführt werden kann, sollte man sich vor dem Umbau von einem Fachmann unbedingt beraten lassen und auch eine Probefahrt in einem Fahrzeug mit geändertem Fahrwerk machen.

Das gleiche gilt für das Tieferlegen eines Fahrzeuges. Zu erreichen ist dies durch den Einbau von kürzeren Federn. Dadurch liegt der Massenschwerpunkt des Wagens tiefer, was wiederum die Fahrstabilität und Fahrsicherheit positiv beeinflußt, sofern auch andere Dämpfer eingebaut werden. Jedoch führt diese Maßnahme zu verkürzten Federwegen und folglich zu Komfortminderung. Die entsprechende Tuningfirma wird in jedem Fall auch darauf hinweisen müssen, inwiefern die zulässige Ladung dadurch reduziert wird.

Allerdings hat das Tieferlegen eines Autos auch Grenzen, soll die Alltagstauglichkeit erhalten bleiben. Im allgemeinen, ist dies jedoch je nach Fahrzeugtyp und Restfederung der Werksausführung unterschiedlich. Man sollte das Fahrwerk höchstens 3 bis 3,5 Zentimeter absenken, denn sonst kann die Abstimmung von Federn, Dämpfung, Radaufhängung und Rädern sogar sehr leiden und wesentlich schlechter werden als das hochbeinige, »ungetunte« Origninal. Dazu kommen eine geringere Bodenfreiheit und – bei zu großem Absenken – die negativen Auswirkungen auf die Belastung der Aufhängungsteile. Außerdem warnt der Fachmann davor, nur den Federsatz, ohne Stoßdämpfer, auszutauschen. Dies ist zwar eine Preisfrage, doch bilden die Stoßdämpfer und Federn immer eine tecnische Einheit. In dieser Hinsicht beraten nicht nur die kompetenten Tuningfirmen, sondern auch die Hersteller solcher Spezialteile wie zum Beispiel Bilstein, Boge, Fichtel & Sachs oder Koni. Es gibt bereits Fälle, in denen sich schwere Unfälle durch herausfallende Federn ereigneten, weil das Rad noch mit dem Originaldämpfer ausgestattet war.

Weitere Maßnahmen im Fahrwerksbereich betreffen die Spur – je breiter, desto satter liegt der Wagen auf der Fahrbahn. Der Weg dahin führte früher verschiedentlich über den Einbau von Zwischenringen, beziehungsweise Distanzscheiben an den Radnaben. Heute wird die Verbreiterung größtenteils durch Felgen mit anderen Einpreßtiefen verwirklicht. Schließlich ist jedoch immer zu prüfen, ob, womöglich in Zusammenhang mit breiteren Felgen und Reifen, eine Kotflügelverbreiterung notwendig wird oder ob die größere Spurbreite zu überhöhten Belastungen von Aufhängungs- und Dämpferbefestigungen an der Karosserie, zu größerem Verschleiß von Gelenken, Antriebswellen und Lagern sowie zu erheblich verschlechterten Geradeauslaufeigenschaften führt.

Der Zweck breiterer Felgen und Reifen sind die größere Reifenaufstandsfläche und höhere seitliche Stützkräfte der niedrigeren Reifenflanken, wodurch eine verbesserte Längs- und Kurvenstabilität erreicht wird. Auch hier müssen Einbußen an Reifen-Eigenfederung hingenommen werden, die sich auf den Federungs- und Fahrkomfort auswirken.

Undenkbar wären inzwischen Veredelungsmaßnahmen, ohne die unübersehbare Menge an sogenannten Leichtmetallfelgen. Ganz nach der Devise: Leichter, breiter, schöner. Dennoch gibt es technisch-sachliche Argumente zugunsten der LM-Räder, denn sie verringern das Gewicht der ungefederten Massen. Dadurch kommen weniger Störeinflüsse von den Sraßenunebenheiten über die Räder in die Karosserie. Es erhöht sich der Komfort, und die Straßenlage wird verbessert. Eine andere gute Eigenschaft des Leichtmetallrades, nämlich der bessere Rundlauf, ist von einem sensiblen Fahrer fast unmittelbar fühlbar. Als Gußteil muß jedes Leichtmetallrad exakt nachgearbeitet werden, so daß sogenannte Unrundheiten sogut wie nicht auftreten. Bei den normalen Stahlrädern hingengen müssen, natürlich in vertretbaren Grenzen, Toleranzen in Höhen- und Seitenschlägen akzeptiert werden.

Doch beim Kauf von LM-Rädern steht wohl nach wie vor die Attraktivität im Vordergrund, die Ästhetik sowie der Wunsch nach Individualität. Insbesondere Männer leisten sich gern diese Sonderausrüstung, die, so ist fraglos richtig, das Auto in seinem Aussehen und den Mann in seinem Ansehen steigert, erhält er doch auf diese Weise den Hauch eines »Formel 1-Fahrers«, in der ersten Startreihe.

Ist in bezug auf breitere Felgen und Reifen eigentlich alles erlaubt, was auch gefällt? Ganz so einfach läßt sich dieses Thema nicht abhandeln, obwohl Breitreifen schon ab Werk sehr stark im Kommen sind – und bei den Tunern zum alltäglichen Beratungskomplex zählen. Für viele, im Handel erhältliche Sonderfelgen, existiert eine ABE oder ein Mustergutachten. Mit ABE kann ohne TÜV-Vorführung die Felge mit neuen Breitreifen montiert werden – vorausgesetzt, die Felgen- und Reifengröße ist im Kfz-Schein schon eingetragen. Ist entweder nur die Felge oder nur der Reifen in den Fahrzeugpapieren vom Hersteller freigegeben – oder beides nicht –, muß der Fahrzeughalter nach der Montage mit dem Wagen zum TÜV. Es gibt nämlich Reifen, die nur in Verbindung mit bestimmten Felgengrößen, manche nur mit entsprechenden Auflagen hinsichtlich Karosserie-Änderungen wie zum Beispiel Radabdeckungen, zugelassen werden.

Natürlich wäre es falsch zu glauben, nur extrem breite Reifen seien allein seligmachend. Es muß eine vernünftige Relation zur Fahrzeuggröße und Motorleistung vorhanden sein. Dabei muß man sich davor hüten, auf die breiten »Latschen« im Formel 1-Rennsport zu schielen.

Bei Rennwagen wird der Kraftschluß zwischen Reifen und Fahrbahn künstlich durch Verzahnungs- beziehungsweise Klebe-Effekte verbessert. Die Mischungen von Rennreifen bewirken bei entsprechenden Temperaturen ein regelrechtes »Aufweichen«, das mit »Alleskleber« vergleichbar ist.

Für den normalen Straßenverkehr sind derartige Reifen jedoch nicht geeignet. Sie wären viel zu empfindlich. Dennoch müssen auch die Reifen für höchste Geschwindigkeiten auf der Straße den zusätzlichen hohen Ansprüchen an Sicherheit und Komfort genügen.

Eins steht ohne Zweifel fest: Der Trend zu breiteren Reifen hält unvermindert an, weil die Leichtmetallräder zum größten Teil unzweifelhaft besser aussehen.

Die Palette an Reifengrößen und -querschnitten auf dem Markt macht die Auswahl des richtigen Reifens inzwischen ohnehin nicht einfach. Will ein Reifenhersteller bei den Werken und Tunern heutzutage so richtig im Geschäft sein, muß er an die 300 verschiedenen Reifen – je nach Größe, Format und Geschwindigkeit – vorweisen können.

Den Veredlern wird auch in diesem Bereich schon von der Autoindustrie Konkurrenz gemacht. Breitere Reifengrößen gibt es auf Wunsch schon ab Werk, für jede Fahrzeugklasse, für jedes Leistungspotential. Die Serienhersteller lassen zumindest

Leichtmetallfelge von Lorinser: Leichter, breiter, schöner.

bestimmte Breitreifen vom KBA als nachträgliche Umrüstmöglichkeit bescheinigen.

Wer den Sprung von breit zu superbreit wagen will, muß sich vorher über mögliche Konsequenzen im klaren sein. Übergroße Lenkkräfte werden zumindest ab der oberen Mittelklasse durch Lenkunterstützung ausgeglichen, ein getrübter Geradeauslauf, übermäßige Reaktion auf Spurrillen, können jedoch sehr störend wirken. Doch sportlich ambitionierte Autofahrer wird dies nur selten abschrecken, zumal die Reifenhersteller für sicheren, erträglich komfortablen Ablauf auch bei den Hochgeschwindigkeitsreifen im Niederquerschnitt sorgen.

Gefährlich wird es jedoch, wenn solche Extremreifen bis zur maximal zulässigen Profilabnutzung gefahren werden. Die Aquaplaninggefahr kann dann schon unterhalb der berühmten 80 km/h-Marke einsetzen.

Natürlich beeinflussen höhere Gewichte der Reifen – Leichtmetallfelgen gleichen dies zum Teil wieder aus – den Komfort und die Fahreigenschaften; Reifen gehören nun mal zu den ungefederten Massen eines Automobils. Schließlich dominieren aber die sportlichen Eigenschaften, bemerkbar durch besseres Handling. Noch besser ist jedoch die Anpassung des gesamten Fahrwerks mit entsprechenden Stoßdämpfern und Federn.

Motortuning

Der Wunsch nach mehr Leistung unter der Haube ist allgemein verständlich, bedeutet dies bei vernünftiger Fahrweise doch mehr Komfort und Sicherheit. Außerdem erhöht sich der Spaß am Autofahren. Die Industrie deckt mit ihrem, zumeist breitangelegten Motorenspektrum, das Verlangen der Kunden nach mehr PS ab. Reicht das Angebot der Hersteller nicht aus, kann die Hilfe der Motortuner in Anspruch genommen werden.

Im Gegensatz zum sportlich gestählten Fahrwerk, erfolgt der Einbau von »getrimmten« Triebwerken in relativ geringen Stückzahlen. Fast jeder Massenproduzent bietet bei der jeweiligen Produktpalette ein Spitzenmodell mit Turbo- oder Vierventiltechnik an. Lediglich in der oberen Preisklasse ist wieder ein Anstieg des Hubraumes zu erkennen.

Tuningspezialisten richten sich dabei zunächst nach den Wünschen ihrer Kunden. Besonders Mercedes-Fahrer sind in diesem Punkt recht eigen. So hat sich in der Veredlerszene eindeutig die Ladertechnik durchgesetzt. Die Schwächen der aufgeladenen Motoren im unteren Drehzahlbereich sind dabei allgemein bekannt.

Diese Kehrseite der Medaille ist bei normal getunten Motoren meistens zu erkennen. Leistungssteigerung eines gegebenen Antriebs führt zu Verschiebungen in der Drehmoment- und Leistungscharakteristik. Soll das Triebwerk bei höherer Drehzahl mehr Kraft erzeugen, fällt die Leistungskurve im unteren Drehzahlbereich häufig ab – der Motor verliert in diesem Abschnitt an Drehmoment, verliert an Elastizität.

Welche Möglichkeiten gibt es aber nun zu mehr Motorleistung? Mehr PS erreicht man beispielsweise durch Erhöhung des angesaugten Luftvolumens. Dafür bieten sich mehrere Wege an:

1. **Vergrößerung des Hubraumes:**

   Diese Lösung ist verbunden mit einem höheren Gewicht des Motors, größeren Abmessungen und vor allem mit einer verstärkten mechanischen Reibung innerhalb der Maschine.

2. **Erhöhung der Drehzahl:**

   Diese Lösung erfordert durch die höheren Fliehkräfte eine Verstärkung vieler Motorteile. Sie vergrößert ebenfalls die Reibungsverluste.

3. **Verbesserung des Füllungsgrades:**

   Der durch diese Maßnahmen – (zum Beispiel Polieren der Ansaugkanäle, Verkleinerung der Strömungsverluste) – erzielte Leistungsgewinn ist relativ gering.

4. **Auflandung des Motors:**

   Diese Lösung ermöglicht eine Leistungserhöhung und ein Ansteigen des maximalen Drehmoments bei gleicher Drehzahl. Zumeist ist Hubraumvergrößerung nicht notwendig. Die Belastung des Motors steigt an.

Früher reichte es vielfach schon aus, den Wagen mit einem Sportauspuff auszustatten, dem Antrieb eine Mehrvergaseranlage zu verpassen. Wenn die damit erreichte Leistungssteigerung nicht genügte, griff man zu größeren Ventilen und einer speziellen

»scharfen« Nockenwelle für längere Ventilöffnungszeiten. Die bessere Zylinderfüllung und somit gesteigerte Motorleistung, führte häufig zu mehr Verbrauch und bei Nutzung der Drehfähigkeit zu höherem Verschleiß. Außerdem galt, daß mit zunehmender Literleistung, die Motoren unelastischer werden.

Eine weitere Tuningmaßnahme ist bekanntlich die Überarbeitung des Zylinderkopfes im Bereich der Gaskanäle und Brennräume. Dieser »Feinschliff« soll der besseren Verwirbelung der Frischgasfüllung dienen sowie die Reibung an den Wänden des Ansaug- und Auspuffkrümmers vermindern. Mit zunehmender Verbreitung des Tuninggeschäftes und größerem Konkurrenzdruck, sind diese Feinarbeiten, zumindest bei den Spitzentunern, nur noch notwendiges Optimierungsanhängsel an die sonstigen massiven Eingriffe in die Mechanik, die zumeist den Anbau von Ladern oder den Einbau größerer Motoren aus anderen Typenreihen derselben Marke umfassen.

Um nun einem Motor durch Aufladung zwangsweise mehr Frischluft zuzuführen, kann man zwischen zwei Systemen wählen:

1. Kompressor (mechanischer Lader):
Zum Beispiel Drehflügelpumpe oder Drehkolbenpumpe (Roots-Gebläse), Spirallader (G-Lader bei VW), Wankellader (Ro-Lader).

2. Turbolader

Motor-Aufladung

Noch während die Entwicklung des Automobils in den Kinderschuhen steckte, wurde den Pionieren des Motorenbaus klar, daß der Füllung der Motorzylinder mit Benzin-Luft-Gemisch bestimmte Grenzen gesetzt sind. Man wollte sich aber nicht allein auf die Saugwirkung der Motorkolben verlassen, sondern die Frischgase in die Brennräume pressen, um eine höhere Füllung des Zylinders und damit mehr Leistung zu erreichen. Als erster machte sich Louis Renault, im Rahmen einer 1902 angemeldeten Patentschrift, über die Möglichkeit Gedanken, »den Druck der Gase in den Zylindern zu erhöhen«.

Sieben Jahre später kam der Schweizer Büchi auf die Idee, sich die Energie der Abgase für den Antrieb eines Kreiselverdichters, unter Einsatz einer Turbine zunutze zu machen. Er verfaßte hierzu ein Patent über die »stoßweise Aufladung« von Kolbenmotoren. Zur gleichen Zeit führte Marius Berliet Versuche zur Aufladung mit Hilfe eines Vorverdichters durch.

Besonders durch die enormen Fortschritte der Flugtechnik vor und während des Ersten Weltkrieges, wurde das Problem der Motoraufladung immer dringender. Gerade bei Flugzeugmotoren fiel auf, daß die Leistung bei größeren Flughöhen, durch den mit der Höhe abnehmenden Luftdruck, erheblich abfiel. So ließ sich dann auch der Italiener Anastasi noch während des Ersten Weltkrieges die Anwendung eines Aufladungssystems im Bereich der Luftfahrt patentieren. Gleichzeitig, das heißt im Jahre 1917, meldete auch der Ingenieur Rateau eine Reihe von Patenten an, die sich ebenfalls mit den Prinzipien der Aufladung befassen.

Im Auto kam als erstes System zur Motoraufladung der Kompressor zum Einsatz. Wie so oft, in späteren Jahren, leistete auch hier der Automobil-Rennsport Schrittmacherdienste. Im Jahre 1923 kam bei einem Grand Prix ein Fiat zum Einsatz, der von einem Kompressormotor angetrieben wurde. Im Laufe der Zeit gingen dann mehr und mehr Hersteller von Sport- und Rennwagen zu diesem System über: Alfa Romeo, Auto Union, Bugatti, Delage, Maserati, Mercedes...

Nach dem Zweiten Weltkrieg wurden die Kompressoren und jetzt vor allem auch die Abgas-Turbolader in technischer Hinsicht enorm verbessert und zuverlässiger gemacht. Beide Systeme verwendete man nun in erster Linie, um Dieselmotoren zu mehr Leistung zu verhelfen (Lokomotiven,

Lastkraftwagen). Da es im Automobilsport damals Vorschriften gab, die den Einsatz eines Abgas-Turboladers nicht zuließen, verlor dieser in der damaligen Zeit nach und nach das Interesse der Renningenieure.

Erst zu Anfang der sechziger Jahre erschien der Abgas-Turbolader in der Kraftfahrzeugtechnik erneut auf der Bildfläche. Die Verordnungen waren nunmehr weniger streng und ablehnend. Seine Wiedergeburt fand in den USA statt. Im Jahre 1961 wurde erstmalig ein serienmäßiger Personenwagen mit Abgas-Turbolader vorgestellt: Der Chevrolet Corvair. Auch beim berühmten 500-Meilen-Rennen von Indianapolis kann er zu dieser Zeit im Offenhauser-Motor seine Überlegenheit unter Beweis stellen.

Anfang 1970 rüstete Porsche seinen »917« mit zwei Abgas-Turboladern aus. Der Zwölfzylindermotor hatte einen Hubraum von zuerst 4,5 später 5.0 Litern und leistete bis zu 1200 PS. Dieses Auto beherrschte ganz eindeutig die CanAm-Serie, die Anfang der siebziger Jahre eine der bedeutendsten Sportwagen-Rennserien war und – daher der Name – in Kanada und den USA ausgetragen wurde. Andere Hersteller folgten Porsche und bauten ebenfalls Turbolader ein.

Heute sind Formel 1-Rennwagen und Rennsportwagen ohne Turbolader nahezu ohne Siegesaussichten. Allerdings hat der Turbolader in jüngster Zeit, sowohl bei den Serien- als auch bei den Rennsportwagen Konkurrenz durch den mechanischen Lader bekommen. Und auch die Tuner können natürlich diesen Trend nicht ignorieren.

Wirkungsweise von Ladern

Bei einem herkömmlichen Benzin-Saugmotor nach dem Viertaktprinzip werden mehr als 35 Prozent der in Form von Kraftstoff zugeführten Energie mit den Auspuffgasen abgeleitet. Die Strömungsenergie und die Wärmeenergie der heißen Abgase kann nicht weiterverwendet werden.

Über den Abgas-Turbolader wird jedoch ein Teil der Abgasenergie zurückgewonnen. Dies geschieht dadurch, daß die heißen Abgase eine Turbine antreiben, die ihrerseits wiederum mit einem Gebläserad fest verbunden ist. Das Gebläserad pumpt Ansaugluft mit einem bestimmten Überdruck in den Motor hinein. Der Abgasturbolader hat folgende Vorteile:

- **Im Automobilsport wird durch den Abgas-Turbolader die Motorleistung im Vergleich zum Saugmotor verdoppelt.**
- **Bei gleicher geforderter Höchstleistung kommt ein Motor mit Abgas-Torbulader mit viel kleinerem Hubraum und niedrigeren Drehzahlen als ein Saugmotor aus.**
- **Der Turbomotor ist unempfindlicher gegenüber Luftdruckschwankungen, zum Beispiel bei Fahrten im Gebirge.**

Bei der Offensichtlichkeit der dargelegten Vorteile stellt sich natürlich die Frage nach weniger positiven Eigenschaften. Und hier muß zum einen das träge Ansprechen des Laders im unteren Drehzahlbereich und zum anderen der Einsatz einer komplizierten und somit aufwendigen Technologie angeführt werden. Am Motor selbst müssen den erhöhten mechanischen Belastungen und den Auswirkungen auf den Kurbeltrieb und das Schmiersystem besondere Sorgfalt und Aufmerksamkeit gewidmet werden. Durch die erhöhten Wärmebelastungen müssen Ventile und Kolben aus hitzebeständigerem Werkstoff hergestellt werden. Eine Verbesserung der Motorkühlung ist ebenfalls angebracht (Ansaugluft, Wasser und Öl). Das Verdichtungsverhältnis muß heruntergesetzt werden, und zwar desto stärker, je höher der Aufladegrad ist. Gemischaufbereitung und Zündung müssen den besonderen Arbeitsbedingungen eines Turbomotors angepaßt werden.

Im Bereich des Turbinenrades und des Ladergehäuses können nur besonders hitzebeständige Werkstoffe verwendet werden. Bei voller Leistung erreicht die Temperatur dort etwa 1000 Grad Celsius. Wegen der sehr hohen Drehzahlen von bis zu 150 000/min, müssen die Turbine und das Gebläserad sehr gut ausgewuchtet sein. Die Welle muß zudem auch besonders gut geschmiert werden; und die Laufräder der Turbine müssen aus möglichst leichtem, hochhitzebeständigem und verschleißfestem Material sein. Wahrlich keine leichte Aufgabe für die Hersteller der Turbolader.

Im modernen Motorenbau beginnen sich allerdings jetzt die Geister zu scheiden: Deutliche Anzeichen sprechen dafür, daß sich immer mehr Anhänger für den Vierventilmotor entscheiden und dem Turbolader abschwören, da dessen bekannte Nachteile doch die Alltagstauglichkeit mehr oder weniger beeinträchtigen. Turbolader und Vierventiltechnik sind jedoch nicht nur als Alternative zu sehen, sondern sind als Kombination das absolute Maximum an technischen Voraussetzungen für allerhöchste Leistungsausbeute. Zumindest im Rennsport der obersten Kategorien – Formel 1-Rennsportwagen und Rallyeprototypen – gilt dies.

Bei Serienautos ist diese Technologie der Kombination beider Elemente vorläufig den teuersten Sportwagen vorbehalten, da sie herstellungstechnisch äußerst aufwendig und kostspielig ist. Beispiele sind der Porsche 959 und der Ferrari GTO in der Klasse mit Einstandspreisen von zirka 400 000 DM.

Ob sich nun bei den Serienherstellern das eine oder andere Konzept oder gar die Kombination durchsetzen wird, muß die Zukunft zeigen. Bei den Mercedes-Tunern jedenfalls dominieren derzeit die Turbomotoren. Ausnahme ist AMG mit dem V8-Vierventiler. Die Kombination Vierventiler plus Turbo läßt sich nachträglich natürlich besonders leicht am 190er-Vierventiler, durch Anbau eines Laders, verwirklichen.

Bei Daimler-Benz wird ohnehin bereits fieberhaft an der Motorentechnik der neuen S-Klasse gearbeitet, die spätestens am Ende dieses Jahrzehnts mit Vierventilmotoren bestückt sein wird. Das derzeitige Glanzstück der Stuttgarter befindet sich aber in der Baureihe 190 (W 201).

Nimm vier
Die Vierventiltechnik

Beim Mercedes 190 E 2.3–16 beispielsweise basiert das sportliche Triebwerk auf einem 2,3 Liter-Vierzylindermotor, der in Normalausführung 100 kW (136 PS) leistet. Als Vierventiler beim Vierzylindermotor ergeben sich dann zusammen 16 Ventile; in optimierter Form erreicht der Motor 136 kW (185 PS). Wohlgemerkt, dieses Fahrzeug wird von Daimler-Benz in Serie angeboten.

Was kennzeichnet nun diesen Motor besonders? Neben einer relativ erstaunlichen Wirtschaftlichkeit, ist es vor allem der Charakter der Motorleistung, die ins Auge sticht. Anders als beim Turbo-Prinzip, bei dem die volle Leistung erst bei höheren Drehzahlen zumeist ab etwa 2000/min erreicht wird, bietet das 16-Ventiler-Prinzip (vier Ventile pro Zylinder) von den niedrigen bis zu den hohen Drehzahlen immer optimale Zylinderfüllung und damit hohes Drehmoment. Leichte Leistungseinbußen sind bei manchen Vierventilmotoren allenfalls im Bereich unterhalb von 1500/min festzustellen.

Mercedes 190 E 2.3-16: Zylinderkopf mit zwei obenliegenden Nockenwellen und 16 Ventilen.

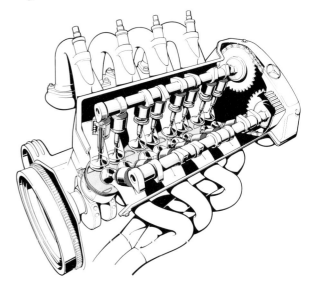

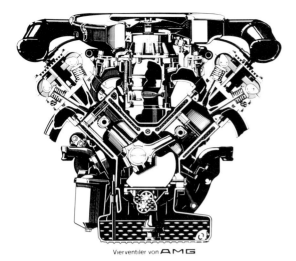

Schnitt durch den V8-Vierventiler von AMG

Was bedeuten nun die 16 Ventile für diesen Motor? Jeder Zylinder besitzt zwei Einlaß- und zwei Auslaßventile – das bringt eine erhebliche Vergrößerung des »Atmungsvermögens« für das Aggregat im Vergleich zur Achtventilausführung, da die Ansaugluft durch zwei statt durch eine Einlaßventilöffnung in jeden Zylinder einströmen kann. Den Zylindern wird also in einer Zeiteinheit mehr Kraftstoff-Luft-Gemisch zugeführt – die Leistung steigt. Andererseits wird durch die zwei Auslaßventile und eine im Querschnitt erweiterte, staudruckarme Auspuffanlage die Verbrennungsluft schnell abgeführt. Dazu spielen noch Steuerzeiten, Länge und Anordnung der Ansaug- und Auspuffleitungen und die günstige Position der Zündkerzen in einem Vierventil-Zylinderkopf eine gewichtige Rolle. Auch hier ist es also die Summe aller Faktoren, die zur Optimierung eines Motors führen.

Die Techniker wissen übrigens schon lange, daß vier Ventile pro Zylinder die beste Möglichkeit sind, aus einem Motor ein Maximum an Leistung herauszuholen. Trotzdem blieb der Einsatz von Vierventilern bisher weitgehend auf Wettbewerbsfahrzeuge und einige exotische Sportwagen beschränkt. Grund dafür ist der recht komplizierte Aufbau mit vielen bewegten Teilen, die dadurch entstehende Geräuschentwicklung und der ziemlich hohe Aufwand bei der Wartung. Dazu kommt noch der hohe Preis bei Fertigung in kleinen Stückzahlen. Die bisherige Entwicklung im Bereich von getunten Serienmotoren zeigt eindeutig, daß die Leistung und das Drehmoment zu den wichtigsten Kaufargumenten zugunsten eines Triebwerkes zählen. Diese Forderung kann nun mal der Turbomotor nur zum Teil erfüllen, da er zwar in der Regel über den bekannten »Turbobums« verfügt, aber dafür Einbußen im unteren Drehzahlbereich und stets einen recht hohen Benzinverbrauch hinnehmen muß. Der Vorteil der Abgasturbine ist, daß sie einen Teil der Abgasenergie ausnutzt. Die Vorteile des Vierventilers liegen im hohen, gleichmäßigen Drehmomentverlauf über den gesamten Drehzahlbereich, in sehr guten Verbrauchswerten und – neuerdings besonders wichtig – in exzellenten Abgaswerten.

Die Tuner sind allerdings, von wenigen Ausnahmen – Oettinger bei Volkswagen, AMG bei Daimler-Benz – abgesehen, davon abhängig, daß die Werke Modelle mit Vierventilmotoren auf den Markt bringen; ist deren Entwicklung doch mit solch enormen Kosten verbunden, daß sie von den »normalen« Tunern auf keinen Fall aufgebracht werden können – vom technischen Know-how und Ingenieurpotential noch gar nicht zu reden.

Motortuning-Kit von Carlsson auf Basis des Mercedes 190 E (W 201): Das C 24-Triebwerk leistet 126 kW (170 PS) bei 6000/min, Hubraum 2,4 Liter, Drehmoment 228 Nm bei 4000/min, Spitze 220 km/h.

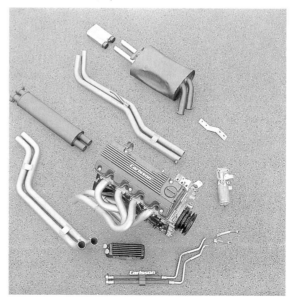

Sternschnuppen

**Daimler-Benz:
Rennsport von einst bis heute**

Um den Boom auf modifizierte Daimler-Benz-Modelle der achtziger Jahre ganz zu verstehen, ist es notwendig an die legendären Mercedes-Erfolge im Automobilrennsport zu erinnern. Ohne diese Imagebildner wäre der überragende Ruf der Stuttgarter »Stern-Mobile« kaum denkbar.

Seit den Anfängen des Automobils vor 100 Jahren haben sich Daimler-Benz-Fahrzeuge nicht nur als Spitzenprodukte in Hinsicht auf Qualität, Technik und Optik gezeigt, sondern bewiesen ihre Tugenden in Form von Leistungsfähigkeit und Zuverlässigkeit im gnadenlosen Rennsport. Dort nämlich, wo Zweite und Dritte nichts bedeuten, der Erste im Rennen aber alles zu sein scheint. Dort nämlich, wo, trotz aller Leistung des Fahrers, eine Marke siegt und nicht der Mensch oder ein Autotyp. Der Sieg wird gleichgesetzt mit dem Produkt, und das siegreiche Produkt gilt als das technisch beste.

Daran läßt sich auch durch Klasseneinteilungen, Indexwertungen und Handikapdisziplinen nichts ändern, die in einem Rennen mehrere Sieger ermöglichen sollen. Spätestens nach einigen Jahren erinnert sich fast jeder nur noch an den Sieger. Insider wissen dann zwar noch von Achtungserfolgen unterlegener Wettbewerber zu berichten oder weisen auf die tollen Leistungen halb so starker Fahrzeuge hin, doch das Prestige haftet zum größten Teil an der Brust des Siegers. Dies ist allzu deutlich an den sportlichen Erfolgen und dem damit verbundenen Ruhm der Mercedes-Renner und ihrer zivilen Serienpendants zu sehen.

In den Anfangszeiten des Automobils traten sofort auch die Ehrgeizigen auf, die beweisen wollten, daß sie die Schnellsten sind. Sogenannte Wettbewerbsfahrzeuge waren zu jener Zeit zumeist serienmäßige Alltagskutschen, wobei von »serienmäßig« im heutigen Sinne nicht gesprochen werden kann, da ohnehin jedes Automobil eigens für seinen Kunden in spezieller Ausführung modifiziert wurde. So waren es in der Anfangsphase des Automobilsports denn auch vorwiegend Langstreckenrennen, in denen bewiesen wurde, daß die stinkenden Bezinkutschen es mit den altbewährten Vierbeinern nach wenigen Jahren allemal aufnehmen konnten.

Das Datum für die erste automobile Ausfahrt wurde auf 1886 festgelegt; es handelte sich dabei um die Fahrt der Berta Benz von Mannheim nach Pforzheim. Wenngleich dieses Datum im Hinblick auf die Automobilgeschichte etwas willkürlich festgelegt wurde, so gilt als erster Wettbewerb mit Automobilen die am 19. Dezember 1893 ausgeschriebene Fahrt von Paris nach Rouen (Frankreich), die am 22. Juli 1894 ausgetragen wurde. Die

Daimlers Motorkutsche von 1886 demonstriert eindrucksvoll den Beginn der Automobilisierung.

Strecke war immerhin 126 Kilometer lang und wurde von der Pariser Zeitung »Le Petit Journal« veranstaltet.

Hierbei ging es weniger um die Schnelligkeit – eine maximale Fahrzeit von 8,5 Stunden war vorgegeben – als vielmehr um die Zuverlässigkeit der teilnehmenden Fahrzeuge. Das drückt sich auch im damaligen Reglement aus, das den ersten Preis von 5000 Francs demjenigen versprach, der ein Fahrzeug fährt, das »ungefährlich«, für die Insassen »leicht zu handhaben« und »im Unterhalt nicht zu teuer ist«. Zugelassen waren nur »pferdelose Wagen«.

Immerhin meldeten sich knappe zehn Jahre nach der ersten Ausfahrt bereits über 100 Wettbewerber. Angetrieben wurde allerdings nicht nur mit Erdölprodukten, sondern auch mit Dampf und Elektrizität, eben nur nicht mittels »Lebewesen«.

Von über 100 gemeldeten Teilnehmern durften schließlich ganze 21 starten, der Rest wurde zuvor von den gestrengen Kommissaren aussortiert. Der eigentliche Wettbewerb am 22. Juli 1894 wurde dann doch zum Rennen. Wenn auch die offizielle Wertung die Zeit nicht berücksichtigte, so entbrannte doch der interne Kampf unter den Fahrern, unbedingt der Schnellste zu sein.

Offizielle Sieger wurden gleichrangig die Marken Peugeot und Panhard-Levassor, die von »Le Petit Journal« als »handlich und leicht« beurteilt wurden. In diesen Autos schlug aber bereits ein Herz aus deutschen Landen, Motoren von Gottlieb Daimler aus Stuttgart.

Im Grunde genommen war dies der Anfang der Legende, denn während sich Panhard-Levassor und Peugeot mit der Zeit auf simplere Alltagsprodukte zubewegten, die nicht mehr zum rennsportlichen Imageträger taugten, konnten die Daimler- und später Daimler-Benz-Produkte ihre Spitzenstellung im Straßen- und Rennsportbereich beibehalten.

Anfang des zwanzigsten Jahrhunderts betraten dann die nach der Tochter des österreichischen Importeurs und Edelmanns Emil Jellinek in Mercedes umbenannten Daimler-Sportwagen die Szene und beherrschten diese jahrelang unter stärkstem Druck von Italienern und Franzosen, von Panhard, Peugeot, Renault, Fiat und Itala. Für Furore sorgten aber auch inzwischen längst vergessene Überraschungssieger wie beispielsweise de Dietrich, Darracq, Brasier, Hotchkiss, Grégoire, Berliet und Clément-Bayard.

Zwischen dem Ersten und Zweiten Weltkrieg kam dann mit den Produkten von Ettore Bugatti neuer Wind auf, der häufig auch die Mercedes-Produkte vom Siegerpodest fegte. Zuvor jedoch, kurz vor dem Ersten Weltkrieg, gab es noch die Zeit der automobilen Saurier. Als Urheber dieser Spezies zeichnet wahrscheinlich Carl Benz verantwortlich. Er konstruierte 1908 beim Grand Prix des ACF (Automobilclub von Frankreich) aus dem so erfolgreichen Rennwagen den Geschwindigkeitsrekordwagen »Blitzen-Benz«. Während der Grand Prix-Rennwagen von 1908 einen Hubraum von 12,5 Litern hatte und etwa 110 kW (150 PS) bei 1500/min leistete, womit er zweiter hinter einem Mercedes wurde, hatte der »Blitzen-Benz« 21,5 Liter Hubraum und leistete 147 kW (200 PS) bei 1600/min.

Mit diesem Auto wurde am 8. November 1909 erstmals die Schallmauer von 200 km/h durchbrochen. Der Franzose Victor Hémery erreichte in Brooklands (Großbritannien) exakt 202,691 km/h.

Erst am 17. Mai 1922 wurde dieser Rekord von dem Engländer K. Lee Guiness auf 215,244 km/h hochgeschraubt.

Auch das letzte bedeutende Autorennen vor dem Ersten Weltkrieg gewann ein Mercedes. Es war am 5. Juli 1914 der Große Preis von Frankreich, und es siegte Lautenschlager auf einem 4,5 Liter-Mercedes mit zirka 85 kW (115 PS) und einer für damalige Verhältnisse sensationellen Durchschnittsgeschwindigkeit von 105 km/h, die er alleine fahrend über mehr als sieben Stunden hielt.

Eines der ganz großen Glanzlichter des Rennsports der späten zwanziger Jahre, in denen große Sportwagen viele Rennen beherrschten, waren die von den serienmäßigen Mercedes »S«-Modellen abgeleiteten Wettbewerbsausführungen. So gewann ein »Typ S«-Sportwagen unter Otto Merz den ersten Großen Preis, der auf dem neuerbauten Nürburgring 1927 ausgetragen wurde.

Die revolutionäre Technik seines Sechszylinder-Kompressor-Motors mit 6,8 Litern Hubraum stammte weitgehend aus der Serie und verhalf dort der zivilen Ausführung durch überragende Fahrleistungen zu weltweitem Ruhm.

Die Weiterentwicklungen aus dem »Typ S«, der »SS« von 1928 mit 7,1 Litern Hubraum und der berühmte, 1929 eingesetzte »SSK« mit 7,1 Liter-Kompressor-Motor und 165 kW (225 PS), setzen die Rennerfolge fort. Auch der Name des erfolgreichsten Fahrers hatte hier auf den Namen Mercedes sicher imageträchtige Auswirkungen: Rudolf Caracciola. Mit seinem serienmäßigen, riesigen und trägen SSK, kämpfte er auf scheinbar aussichtslosem Material gegen die inzwischen speziell auf den Formel-Rennsport hin entwickelten wieselflinken und fast genauso starken Alfa Romeo und Maserati und vor allem gegen die überlegenen Bugattis.

Caracciola holte mit seinem Wagen vor allem die Siege beim Großen Preis von Deutschland 1931 auf dem Nürburgring und im gleichen Jahr den Sieg bei der Mille Miglia, dem damals bedeutendsten Straßenrennen für Sportwagen, das über knapp

1700 Kilometer nonstop von Brescia nach Rom und zurück führte. Doch anschließend folgten echte Hungerjahre für Deutschlands Rennsport. Selbst Caracciola fuhr auf Alfa Romeo und beherrschte zusammen mit Maserati und Bugatti die Szene.

Um so eindeutiger dominierten dann deutsche Rennwagen die Jahre 1934 bis 1939, nicht zuletzt auf politischen Befehl damaliger Machthaber, die damit ein Symbol überlegener deutscher Technik aufs internationale Podest stellen wollten. Die staatlichen Aushängeschilder hießen damals Auto-Union und Daimler-Benz.

Und wieder waren die Daimler-Benz-Renner den anderen Marken um eine Nasenlänge voraus, obwohl Sympathie und größere Unterstützung von politischer Seite eher bei der Auto-Union lagen.

In den Jahren 1934 bis 1937 galt die berühmte 750 Kilogramm-Formel, bei der außer dem Maximalgewicht im wesentlichen nur noch die Mindestlänge der Rennen mit 500 Kilometern festgelegt war. Die Treibstoffe waren frei, so daß die Öl- und chemische Industrie abenteuerliche Gemische mixten, deren Geheimnis vor allem die Innenkühlung der Motoren war; dadurch ließen sich Wirkungsgrad und somit Leistung anheben.

Daimlers Renner hieß damals »W 25«. Das Gegenstück der Auto-Union, die einige Jahre zuvor aus den notleidenden Firmen Audi, DKW, Horch und Wanderer zusammengeschlossen worden war, war der erste ernstzunehmende Mittelmotor-Rennwagen der Geschichte. Der damalige Konstrukteur hieß Ferdinand Porsche. Der Motor seines Rennwagens hatte nicht weniger als 16 Zylinder. Der Mercedes W 25 war dagegen ein eher konventioneller Achtzylinder-Frontmotor-Renner. Trotzdem konnte er im Prestigeduell gegen den revolutionären »Typ A« von Ferdinand Porsche weitgehend mithalten, und es wurde mit ihm im ebenfalls weltweit verfolgten Kampf um den Straßenweltrekord von Caracciola eine Geschwindigkeit von 317,5 km/h erreicht.

Die leichte Unterlegenheit von 1934 ließ Daimler-Benz nicht ruhen, und so gab der überarbeitete W 25 im Jahre 1935 klar den Ton an. Vor allem hatte er dies der überlegenen spezifischen Leistung

Mercedes-Benz SSK-Stromlinienwagen mit Otto Merz am Steuer

von nicht weniger als 79 kW je Liter Hubraum (108 PS/Liter) zu verdanken, während sie bei allen Konkurrenten bei 55 bis 63 kW/Liter (75 bis 80 PS/Liter) lag.

Die Saison des Jahres 1936 gehörte Bernd Rosemeyer und der Auto-Union. Der Ex-Motorradrennfahrer Rosemeyer beherrschte nahezu unangefochten die Großen Preise. Nur einmal konnte Caracciola auf Mercedes W 25 gewinnen.

Daimler-Benz gab sich natürlich nicht geschlagen, und so holte man im Prestigekampf gegen die Auto-Union-Rennwagen zum Gegenschlag für die Saison 1937 aus. Das Ergebnis war der »W 125«, der vielleicht bekannteste Rennwagen zwischen den beiden Weltkriegen überhaupt, der für die heutige Generation der »Stern-Fahrer« in den meisten Fällen der älteste bekannte »Silberpfeil« ist. Mit 5,6 Litern Hubraum und einer Leistung von zirka 450 kW (650 PS) sowie der für damalige Verhältnisse in dieser großen Hubraumklasse phänomenalen Literleistung von 84 kW/Liter (114 PS/Liter) war er bis Mitte der sechziger Jahre der stärkste Formel-Rennwagen aller Zeiten. Erst dann wurde diese unglaubliche Leistung durch die Indianapolis-Rennwagen übertroffen.

Die mit den Auto-Union- und Mercedes-Rennern direkt vergleichbaren Formel 1-Fahrzeuge erreichten sogar erst Anfang der achtziger Jahre mit aufgeladenen Turbo-Motoren aus 3,0 Litern Hubraum Leistungen von 515 kW (700 PS) und mehr. Besonders deutlich wird die für damalige Verhältnisse enorme Leistung daran ermeßbar, daß in einem Großen Preis über 500 Kilometer die Reifen häufig mehr als fünf Mal gewechselt werden mußten, weil

»Stärkster Grand-Prix-Rennwagen aller Zeiten« lautete der Superlativ 1937: Mercedes-Benz 750 kg-Formel-Rennwagen (W 125).

bei diesen riesigen Antriebskräften und den für damalige Verhältnisse wahnwitzigen Kurvengeschwindigkeiten die Pneus einfach vom Material her nicht mehr als eine Strecke von 100 Kilometern schafften.

Bereits 1937, nur ein Jahr nach der Dominanz von Auto-Union und Bernd Rosemeyer, beherrschte Mercedes mit dem W 125 wieder ganz klar die Szene. Nicht nur der überragende Rudolf Caracciola, sondern auch Hermann Lang und Manfred von Brauchitsch, trugen sich in die GP-Siegerlisten ein. Der Stern glänzte wieder über alle Grenzen hinweg.

Auch eine Änderung des Reglements für 1938 konnte an der Mercedes-Überlegenheit nicht rütteln. Im Gegenteil. Durch den Tod Bernd Rosemeyers – er verunglückte bei einer Geschwindigkeit von über 400 km/h (Rekordversuch auf der Autobahn bei Frankfurt) – fehlte von Stunde an der begnadete Draufgänger des einzigen ernstzunehmenden Rivalen. Daimler-Benz beherrschte mit dem »W 154« ganz klar die Rennen der neuen Dreiliter-Formel: Dreiliter-V12-Motor, 345 kW (470 PS) bei 7800/min, 155 kW/Liter (157 PS/Liter), Doppel-Kompressoranlage, 4 Ventile pro Zylinder. Caracciola wurde auf Daimler-Benz zum dritten Mal nach 1935 und 1937 Europameister, was dem heutigen Formel 1-Weltmeister entspricht.

Im letzten Rennjahr, vor der Unterbrechung durch den Zweiten Weltkrieg, 1939, brachte Daimler-Benz mit dem »W 163« noch einen neuen Rennwagen auf die Piste. Die größte technische Besonderheit an ihm war, daß erstmalig mit einer Benzineinspritzung experimentiert wurde, die allerdings erst in den fünfziger Jahren bei Rennmotoren eingesetzt wurde. Auch der W 163 beherrschte seine Gegner. Fahrer Hermann Lang holte sich auf dem Mercedes seinen Europameister-Titel. Die großen Siege, die ingesamt gesehen klare Überlegenheit in der höchsten Motorsportdisziplin, färbte unverkennbar auch zwischen den Weltkriegen auf die Straßenmodelle der Stuttgarter Nobelmarke ab.

Mercedes-Benz-Rennwagen von 1939 (Tripolis) mit V8-Motor und 254 PS (W 163).

Wer immer etwas auf sich hielt und das Geld oder den Einfluß hatte, fuhr Mercedes – nicht zuletzt wegen des Nimbusses der technischen Überlegenheit, demonstriert an den Erfolgen auf der Rennpiste. Die Daimler-Benz-Erfolgsserie wurde unterbrochen durch den Zweiten Weltkrieg und die Wiederaufbauphase danach

Schließlich gelangen die ersten erfolgreichen Einsätze des legendären Flügeltüren-Sportwagens Mercedes »300 SL«, der auf Anhieb gegen die erfolggewohnten Maserati, Alfa Romeo und die ersten Autos von Enzo Ferrari gewann. Mit dem wettbewerbsmäßig dressierten Motor des Flügeltürers, wurde auch wieder der Einstieg in die Formel 1 geebnet. Der auf höchstem technischem Stand befindliche Dreiliter-Direkteinspritzer fand, entsprechend dem Reglement auf 2,5 Liter Hubraum reduziert, 1954/55 in den unvergessenen »Nachkriegs-Silberpfeilen W 196« Platz.

Der Daimler-Benz-Beschluß, wieder in den Fomel 1-Rennsport einzusteigen, stammte aus dem Jahre 1952, in dem unter anderem mit den 300 SL-Prototypen auch das bedeutendste Sportwagenrennen der Welt in Le Mans auf Anhieb gewonnen wurde, und das gleich mit einem Doppelsieg. Schlagartig erinnerte sich die ganze Autowelt wieder an die unvergeßlichen Rennerfolge vor dem Krieg und jedem war klar: An der Überlegenheit der Daimler-Benz-Technik hat sich auch durch die erzwungene Pause in Folge des Krieges nichts geändert, frei nach dem Motto: Daimler-Benz kam wieder, sah und siegte auf Anhieb.

Daimlers Ingenieure hatten sich einiges einfallen lassen, das sie wieder einmal allen anderen Konkurrenten auf Jahre hinaus überlegen machte. Es waren vor allem drei technische Feinheiten:

- Direkteinspritzung, die zwar harten Motorlauf bedingt, aber höchste Leistung bringt.
- Desmodromische Ventilsteuerung – Zwangsventilsteuerung über ein C-förmiges Hebelelement – für höchste Drehzahlen ohne Ventilflattern.
- Eine Stromlinienkarosserie mit verkleideten Rädern und erheblich besserem c_w-Wert für schnelle Strecken.

Es folgten somit 1954 und 1955 zwei Rennjahre, in denen Daimler-Benz im absoluten Spitzenrennsport fast schon beängstigend dominierte: Die

Mercedes-Benz-Formelrennwagen W 196 (Monoposto) von 1954 mit 2,5 Liter-Achtzylindermotor und 280 PS bei 8500/min, Direkteinspritzung, desmodromische Ventilsteuerung, Gewicht 640 kg. Fahrer: Fangio, Kling, Hermann.

Mercedes-Benz-Formel-Rennwagen W 196 (mit Stromlinienverkleidung) von 1954. Motordaten wie im »Monoposto«, Gewicht 680 kg. Zum Teil fuhren die Renner mit einem Spezialgemisch Alkohol und Benzol, das so aggressiv war, daß es über Nacht nicht im Tank gelassen werden konnte.

Mercedes-Benz-Sportwagen 300 SL von 1954. Der Dreiliter-Sechszylindermotor leistete 175 PS bei 5200/min und machte das Auto 240 km/h schnell.

Sportwagenrennen mit den 300 SL und 300 SLR, die Formel 1 mit dem W 196.

So hatten zum Beispiel die Formel 1-Fahrzeuge bei 15 Starts 12 Siege errungen, davon 7 Doppelsiege, einen Dreifach- und einen Vierfachsieg.

Ende 1955 zog sich Daimler-Benz von beiden Rennserien zurück. Daran hat sich bis heute nichs geändert.

Von der Werksleitung wurde dies mit der Doppelbelastung gerade der besten technischen Mitarbeiter durch den Rennsport und die Serie begründet. Hauptgrund dürfte jedoch der katastrophale Le Mans-Unfall von 1955 gewesen sein, bei dem der Franzose Pierre Levegh unverschuldet den Tod von 85 Zuschauern verursachte, als er direkt vor der Haupttribüne in eine Kollision verwickelt und direkt in die Besuchertribüne geschleudert wurde. Er fuhr einen Mercedes 300 SLR. Daimler-Benz zog sofort alle Werkswagen von den Sportwagenrennen zurück. Im Oktober desselben Jahres kam dann die Erklärung, daß auch der Formel 1-Rennsport eingestellt werde.

Trotz allem Drängen der Öffentlichkeit, hat sich Daimler-Benz seitdem nicht mehr entschließen können, in irgendeiner Rennsportdisziplin werksseitig voll einzusteigen.

Alle Versuche verliefen bisher etwas halbherzig oder »unterstützend«. Ob dies die Einsätze des 300 SE Anfang der sechziger Jahre im Rundstrecken- und Rallyesport für Tourenwagen oder die späteren Einsätze des 280 E (W 123) und 450 SL (R 107) im Rallyesport waren – jedes Mal warteten die Daimler-Sportfans auf den werksseitigen vollen Einsatz, aber alle noch so hoffnungsvoll anmutenden Ansätze versandeten immer wieder, trotz beachtlicher Erfolge bei der Rallye Monte Carlo, der East African Safari und der Tourenwagen-Europameisterschaft.

Als schließlich Daimler-Benz den besten deutschen Rallyefahrer, Walter Röhrl, nach einigen

Mercedes-Benz-Rennsportwagen 300 SLR von 1955 mit Dreiliter-Achtzylindermotor und 310 PS bei 7400/min, Spitze zirka 290 km/h. Fahrer: Moss, Fangio, Kling.

AMG-Renntourenwagen damals...

...AMG-Rennausführung heute (Gruppe A) auf Basis des Mercedes 190 E 2.3–16. Der 16-Ventiler-Rennmotor leistet über 240 PS bei zirka 7500/min, das maximale Drehmoment wird angegeben mit etwa 255 Nm bei 6000/min, Beschleunigung von 0 bis 100 km/h in unter 6,0 Sekunden, Spitze ungefähr 250 km/h.

Carlsson-Rennausführung (Gruppe A) auf Basis des Mercedes 190 (W 201).

beachtenswerten Erfolgen mit dem 280 E und dem 450 SL werksseitig verpflichtete, glaubten viele, nun sei es soweit. Aber weit gefehlt: Der Vertrag wurde rückgängig gemacht, Röhrl mußte sich einen neuen Arbeitgeber suchen.

Obwohl – oder vielleicht gerade weil – Daimler-Benz-Serienautos nach der Beendigung der Rennsportaktivitäten seit Ende der fünfziger Jahre mit der Einstellung des 300 SL immer mehr in den Ruf zwar qualitativ hochwertiger, aber etwas konservativ-behäbiger Vehikel geraten sind, vergißt keiner die sportlichen Erfolge dieser Marke, die absolut technisch begründete Überlegenheit auf den Rennpisten.

Vielleicht ist dies mit ein Grund für die Zurückhaltung des Werkes, daß man befürchtete, die extrem hochgesteckten Erwartungen bei einem werksseitigen Engagement nicht erfüllen zu können.

Mit dem Tuning der »Sternautos« für die Straße, wurde so etwas wie die »nachträgliche Korrektur der Eigenschaften der Serienautos in Richtung sportlich« ermöglicht; mit der Einführung des Mercedes 190 E 2.3–16 (Vierventiler) hat Daimler-Benz die Möglichkeit dafür geschaffen, daß dieselben Tuner der Marke indirekt auch wieder Erfolge auf der Rennpiste bescheren können – oder zumindest Anfänge davon.

Und sicher ist die nächste Stufe bereits anvisiert: Es laufen bereits die ersten Spitzenrennsportwagen mit Daimler-Benz-V8-Motoren und Turbo- beziehungsweise Bi-Turboaufladung bei dem Schweizer Sauber und der Firma Lotec; vielleicht ist das ein neuer Anfang für »Sterne« auf dem obersten Renn-Treppchen.

Geliebte Feinde

Daimler-Benz pro und contra Tuner

Wer mit verantwortlichen Daimler-Benz-Leuten spricht, spürt einen seltsamen Zwiespalt: Es gibt kein eindeutiges Ja oder Nein zu den »Blechkünstlern« und den »Schnellermachern«.

Auf der einen Seite steht die täglich getrimmte Überzeugung, daß an den Daimler-Benz-Produkten – ob Optik oder Technik – nichts besser gemacht werden kann, auf der anderen Seite werden die Tuner als Kunden betrachtet, die immerhin zum Verkauf eines »Sternautos« anstelle eines Konkurrenzfabrikates verhelfen. Und dann gibt der eine oder andere schon mal zu, daß so ein 190er tiefergelegt mit breiten Rädern schon ein Blickfänger ist – trotz Werks-190-Vierventiler.

Auch wird zugegeben, daß, sofern es die Technik betrifft, durchaus zarte Bande zu einzelnen ausgesuchten Tuningfirmen bestehen, insbesondere zu solchen, die dem neuen »Renntourenwagen-Blümchen« 190 E 2.3–16 zum kräftigen Wachstum gegen die »Weißblauen« aus München verhelfen wollen, auf daß es bald – wenn auch nur inoffiziell werksunterstützt – zunächst ein »Sternchen«, vielleicht mit den kommenden großen Vierventilern mit 3,0 bis 5,6 Litern Hubraum wieder einen »Stern am Rennsporthimmel« gibt.

Immerhin hat sich Daimler-Benz werksseitig soweit erweichen lassen, daß es ein ganz beachtliches Buch an Nach-Homologationen gibt, um den 190er auf der Rennpiste konkurrenzfähig zu machen. Es gibt dabei solche Goodies wie eine neue Vorderachse für die tiefliegenden Renner, spezielle Rennbremsen, Achsgelenke und Nockenwellen-Rohlinge. Dabei erfolgt keine Zusammenarbeit mit den Tunern, sondern einfach »Arbeit für die Tuner«.

Diese Teile werden ausschließlich über die Werksniederlassung Kassel vertrieben, die aus der Vergangenheit durch ihre Unterstützung der »Scuderia Kassel« bekannt ist, einer Rennsportvereinigung, in der Holger Bohne Erfolge mit 280 E (W 123) im Rallye- und Rallye-Cross-Sport und mit dem 450 SLC auf dem Rallye-Terrain feierte.

Wurden die Kasseler früher nur »geduldet«, so sind sie jetzt als »Halbprofis« aus der Vergangenheit willkommen.

Verläßt man die Rennpiste und blickt zu den Straßen-Tunern, gehen die Meinungen von Daimler-Benz und die der Veredler mehr oder weniger weit auseinander. Während Daimler-Benz sich mit der Vernunft begnügt und den 190-Vierventiler als ausreichend für das gesamte Programm betrachtet, sehen dies die Tuner gänzlich anders. Daimler-Benz bietet als »Tuning ab Werk« einzig und allein die Fahrwerks- und Karosserieteile des 190-Vierventilers für die normalen Mercedes W 201-Modelle an. Dies sieht dann so aus: Der 190 Diesel- oder

Zweiventil-Benzin-Fahrer kann, ausschließlich über den Ersatzteilhandel der Daimler-Benz-Niederlassungen, wahlweise

- Frontspoiler und Flügel
- Frontspoiler, Seitenschweller, Heckschürze und Flügel
- Fahrwerk und den Karosseriekit

bekommen und eintragen lassen. Andere Kombinationen, zum Beispiel Fahrwerk ohne Spoilerteile oder Frontspoiler allein, sind nicht zulässig.

Der serienmäßige Mercedes 190 E 2.3-16, läßt sich ab Werk noch 15 Millimeter tieferlegen, also insgesamt 30 Millimeter tiefer gegenüber dem 190er in Normalausführung. Das ist dann auch schon alles, was es vom Werk aus direkt an »sanktionierten« Umbaumöglichkeiten gibt. Zu dem Thema Motortuning speziell ist ein Nein zu hören, also kein 16-Ventiler in den normalen 190er.

Auch alle anderen Baureihen, die Mittelklasse, die S-Klasse und der SL, sind absolut tabu für nachträgliche Änderungen. Die Aussichten, daß sich dies in naher Zukunft ändern könnte, sind sehr gering.

Optikteile, heißt es, könnten »vielleicht« beim W 124 kommen, aber wenn, dann nur mit technischen Vorteilen für die Fahrstabilität und ohne Nachteile für die Alltagstauglichkeit. Eine solche Lösung ist prinzipiell möglich, aber sehr aufwendig und teuer.

Für die S-Klasse sind werksseitige Karosserieteile nicht zu erwarten und beim neuen SL (R 129) besteht die Aussicht, daß er sie nicht mehr nötig hat, auch nicht aus aerodynamischen Gründen, wie dies beim 190er der Fall war und ist, dessen Fahrsicherheit durch die Änderungen an Fahrwerk und Karosserie des 16-Ventilers merklich verbessert wurde.

Dem Motortuning steht man prinzipiell skeptisch gegenüber, zumal es ab Werk bereits »Leistungserhöhung« gibt, zum Beispiel beim 190 bis 136 kW (185 PS), bei der S-Klasse seit neuestem bis 200 kW (272 PS), nämlich dadurch, daß die verschiedenen Baureihen wieder verschiedene Leistungsvarianten bieten, deren jeweils stärkste mehr als ausreichende Fahrleistungen bringt – nach Ansicht von Daimler-Benz-Technikern.

Die Tuner sind hier allerdings anderer Meinung: Für alle Daimler-Fahrzeuge gibt es Hubraumvergrößerung, Einbau von Sechs- und Achtzylindermotoren in die kleineren Baureihen, Turbolader, mechanische Kompressoren und – bei AMG – auch einen V8-Vierventiler.

Die Tuner-Kunden gestehen für das Vergnügen, den vermeintlich Stärkeren oder gleich Starken überlegen zu sein, auch Einbußen hinsichtlich der vom Werk mit großem Aufwand optimierten Alltagstauglichkeit, Lebensdauer, Komfort und Zuverlässigkeit zu.

Den Motortunern dürften die neuen Abgasgesetze (gültig ab 1988) einiges Kopfzerbrechen bereiten: Zumindest schreibt der Gesetzgeber in den höheren Hubraumklassen sehr strenge Abgaswerte vor, die derzeit nur mit dem Katalysator erreicht werden können. Schließlich wird dann auch die Zulassung eines Fahrzeuges erlöschen, sobald die Steuerzeiten des Motors geändert werden, also eine andere Nockenwelle eingebaut wird. Eine Einzelgenehmigung wird aufgrund des umfangreichen Prüfzyklusses sehr aufwendig und teuer.

Aus welchen Gründen auch immer, Daimler-Benz setzt dabei selbst auf Leistung. Wie beim Mercedes 190 wird bei allen Modellreihen wohl die Vierventiltechnik Einzug halten, die derzeit von den Daimler-Benz-Technikern ganz klar favorisiert wird, weil sie nicht nur die Basis für problemlose Leistungserhöhungen bietet, sonden so ganz nebenbei auch noch zu gleichmäßigerer, schnellerer und damit sauberer Verbrennung verhilft.

Da – im Gegensatz zum Rennsport – bei den Werken nicht absolute Höchstleistung angestrebt wird, sondern zum Beispiel 136 kW (185 PS) im kleinen 190er, etwa 176 kW (240 PS) in der Mittelklasse W 124 und 200 kW (272 PS) in der S-Klasse

Styling Garage: Flügeltürer auf Mercedes-Basis. Beim Coupé des ehemaligen SGS-Unternehmens hätte strenggenommen der Stern als Warenzeichen entfernt werden müssen. Es darf eben nicht alles Gold sein was glänzt.

als ausreichend betrachtet werden – kleinere Steigerungen von 20 bis 30 Prozent sind bei entsprechendem »Reizen« der Konkurrenten durchaus noch möglich – ist auch die Auflading von Benzinmotoren durch Turbolader oder mechanische Kompressoren kein Thema für das Werk.

Dies bleibt dem Diesel vorbehalten – und eventuell einer Evolutionsserie des kleinen oder mittleren Mercedes für die Rennsport-Homologation, falls dort die internationale Sportkommission FISA nicht den Turbomotoren zur Begrenzung der Leistungsexplosion einen Riegel vorschiebt.

Also werden sich die Motortuner bis 1988 noch kräftig an Daimlers Triebwerken versuchen, danach bleibt abzuwarten, was die Leistungshungrigen tun: Werks-Vierventiler kaufen oder...

Auch hinsichtlich der Karosserieveränderungen sind die Daimler-Leute nicht so recht zu begeistern – und sie berufen sich diesbezüglich auch gerne ab und zu auf das Recht, den Veredlern das Tragen der »Orden« in Form von Sternen am automobilen »Frack« zu verbieten.

Während die Techniker gern darauf hinweisen, daß zum Beispiel nachträglich getauschte Felgen, die zu größerer Spurweite führen, Querlenkerlagerungen, Aufhängung, Niveauregulierung und Bremsen negativ beeinflussen, sagt die Werks-Rechtsabteilung ganz einfach: Was – wesentlich – geändert ist, ist kein Mercedes mehr und darf damit keinen Stern mehr tragen. Basta!

Entfernt werden müssen dabei die sogenannten Warenzeichen, also »Sterne« und Daimer-Benz-Schriftzüge, die »das Fahrzeug insgesamt« kennzeichnen. Da das Warenzeichen auf den Hersteller hinweist, würde alles, was von den Veredlern an- und umgebaut wird, als »Mercedes-Produkt« gelten.

Da der Hersteller – und hier steht Daimler-Benz nicht alleine, gleiches gilt für die anderen Automobilwerke auch – eine Vertrauensfunktion innehat und sein Image wahren will, verbietet er den Veredlern die Verwendung der Warenzeichen des Werkes. Hierzu muß der Umbauer gleich noch eine sogenannte Unterlassungserklärung ausfüllen, die besagt, daß er im Wiederholungsfalle zur Kasse gebeten werden kann – in diesem Fall von Daimler-Benz – und pro Vergehen ein paar tausend Mark an das Werk überweisen »darf«.

Beispiele, wann solche Verbote ausgesprochen werden, sind massive Karosserie- und Motoränderungen wie Verlängerungen, Cabrios auf Basis von Limousinen oder Coupés, generelles größeres Hinzufügen oder Wegnahme von Karosserieteilen wie zum Beispiel Flügeltüren oder Hubraumerweiterungen beim Motor. Allseits bekannt ist ebenfalls, daß das Werk den Stern untersagt, wenn SEC-ähnliche Hauben auf die Modelle der anderen Baureihen montiert werden. Solche Umbauarbeiten selbst lassen sich jedoch rein rechtlich nicht untersagen; die Automobilwerke können lediglich auf das Entfernen der Warenzeichen bestehen.

Allerdings betrifft dies nur einen gewerblichen Eingriff beziehungsweise den gewerblichen Handel. Untersagt werden kann es also nur jemandem, der solche Eingriffe vornimmt, das heißt umbaut gegen Geld oder sonstige Gegenleistung, oder der damit Handel treibt. Dies betrifft dann nicht nur Autoteile, sondern ganz simple Dinge wie Feuerzeuge, Schlüsselanhänger oder T-Shirts. Auch hier sind streng nach Gesetz die Warenzeichen nur mit Zustimmung des Herstellers erlaubt.

Der nächste und letzte Schritt in der Abfolge ist jedoch die Umkehrung: Der eigentliche Käufer, also der Endverbraucher, Besitzer, Fahrer, darf sehr wohl wieder die Sterne und Markennamen an den ursprünglichen Stellen anbringen. So wird dann ein

Mercedes, der eigentlich – nach Ansicht der Rechtsabteilung von Daimler-Benz – kein Mercedes mehr ist, doch wieder – zumindest nach außen hin für jeden sichtbar – ein Daimler-Benz-Fahrzeug. Daß dies den Stuttgarter Managern nicht unbedingt angenehm sein muß, zeigt ein Beispiel aus der Praxis. Als ein »veredelter« S-Klasse-Mercedes in der Mitte auseinanderbrach, weil er unsachgemäß verlängert worden war, hieß die Schlagzeile nicht »Veredler XYZ baute Murks bei der Verlängerung eines Mercedes«, sondern einfach »Mercedes in zwei Teile auseinandergebrochen – Verletzte«.

Daß dies nicht lustig ist für das Werk und dessen Image schadet, ist verständlich, zumal der Name des Tuners nicht einmal im Text erwähnt wurde und damit jeder Uneingeweihte davon ausgehen muß, daß es ich um ein Auto im Originalzustand ab Werk gehandelt hat.

Trasco: Pullman-Version auf Basis der S-Klasse.

Auch von Daimler-Benz geschützte Namen und Abkürzungen dürfen nicht durch Tuner mißbraucht werden. Dies sind zum Beispiel Mercedes, Daimer-Benz, Mercedes-Benz, aber auch die Abkürzungen SE, SEL, SEC, SL oder SLC.

Von diesem ganzen rechtlichen Spektakel sind diejenigen ausgenommen, die sogenanntes »kleines Tunig« betreiben. Hierunter versteht die Daimler-Rechtsabteilung einen schlichten Spoilersatz mit zum Beispiel Frontspoiler, Seitenschweller, Heckschürze, Heckspoiler oder Heckflügel, Felgen, Federn, Dämpfer und Reifen. Allerdings alles nur, solange es optisch und technisch nicht bedenklich ist, also zum Beispiel TÜV-Abnahme vorliegt.

Schon Kotflügelverbreiterungen gelten zum Beispiel nicht mehr als »kleines Tuning«. Den Tunern bliebe also weniger Spielraum, als für ihre Geschäfte notwendig ist, und so fahren sie eben auf Ausstellungen oder zu Fototerminen ohne »Stern«. Auf Prospekten beispielsweise verschwindet der Stern ebenfalls, an seine Stelle tritt aber ein »Ersatzstern«, zum Beispiel mit den Initialen ABC, SGS (für Styling Garage), KS (für Koenig-Specials) oder einem großen T (für Trasco), im Kühlergrill in Erscheinung. Und dann ist es eben egal, ob der SEC-Grill im SEC, im SEL oder im 190er seinen Platz findet. Das macht die Sache einfacher.

Wenn dann die Veredler noch an die Autos zum Umbau kommen – denn von den Werksniederlassungen bekommen sie keine Autos so ohne weiteres – kann geschraubt und gebohrt werden, was das Herz begehrt. Hauptsache, es gibt für jedes Auto einen Kunden, dem es gefällt und der es bezahlt.

Kraft und Herrlichkeit

Die Tuner

Noch nie zuvor und bei keiner anderen Marke betätigten sich so viele Tuner als Veredler und Frisierer wie bei der aktuellen Daimler-Benz-Modellreihe.

Die derzeitige S-Klasse, Daimlers oberste Baureihe, war der eigentliche Auslöser für AMG, Brabus, Lorinser & Co., sich massiv mit nachträglichen mechanischen und optischen Änderungen bei Mercedes-Modellen zu beschäftigen.

Der kleine Mercedes (W 201) – die 190er Baureihe – waren eine nicht unwillkommene Ergänzung, die sich – nach anfänglichen Startschwierigkeiten – als das Objekt tunerischer Begierde überhaupt herausstellte. Die Tunergilde hatte wohl auch noch nie zuvor solch positiven Einfluß auf das Image des Basismodelles gehabt wie beim 190er.

Auf der Straße fielen sie plötzlich auf, die breiten, tiefen, keilartig angestellten kleinen Mercedes, die im Stand bereits aussehen, als ob sie vor Kraft nicht laufen könnten, auch wenn unter der Haube ein harmloses serienmäßiges »Herz« schlummert.

Stiefkind waren in dieser Zeit die ältere mittlere Baureihe W 123 sowie der Familiensportler SL (R 107). Während der SL auf sein Ablösemodell, das bereits heftig erprobt wird, noch warten muß, konnte der W 123 bereits seinen Nachfolger, die neue Daimler-Benz- Mittelklasse W 124, präsentieren – zur großen Freude der Tuner.

Die stürzten sich nämlich vehement auf das neue Modell, kaum daß es käuflich zu erwerben war, in der Hoffnung, daß es das große Geld auf dem durch die kleine und große Baureihe vorbereiteten Boden der Veredelungskunst bringe.

Ob dies nun der Fall sein wird, ist fraglich, denn trotz zweifellos bestehender Nachfrage, muß der Kuchen inzwischen in so viele Stückchen aufgeteilt werden, daß kaum noch für einen einzelnen allzuviel übrig bleibt. So wird sich auch hier das Sprichwort »Viele Köche verderben den Brei« wohl bewahrheiten und zwangsläufig zu einer erheblichen Reduzierung des »Köcheorchesters« führen.

In dem nachstehenden Übersichtsschema soll der Leser einen Überblick über die Aktivitäten der Tuner finden und damit gleichzeitig eine Hilfe an die Hand bekommen, unter welchem Veredler er nachschlagen kann, falls er sich gezielt für eine Veränderung an einem bestimmten Modell interessiert.

Diese Liste, mit den ausgewählten Firmen, wurde durch eine Anzahl von Adressen ergänzt, bei denen spezielle Teile, zum Beispiel für alte Daimler-Benz-Modelle, im Programm aufgeführt sind. An dieser Stelle muß auch darauf hingewiesen werden, daß einzelne Ergänzungen der Programme firmenseits jederzeit erfolgen können. Dies wird jedoch die Gesamtübersicht in diesem Band kaum beeinflussen. Informationen hierüber erhalten Interessenten sicher automatisch, wenn sie mit den Firmen in Kontakt treten.

Tunerliste	W 201	W 123	W 124	W 116	W 126	W 107	G
ABC	O, K, F		O, F		O, K, F	O, F	
Air Press	O						
AMG	O, F, M	O, F, M	O, F, M	O, F, M	O, F, M	O, F, M	O, F, M
APAL	S						
ASS	O						
bb Auto					K		
BBS	O, F	O, F	O, F		O, F	F	
Benny S					O, K, F		
Bickel					O		
Brabus	O, F, M	O, F, M	O, F, M	F, M	O, F, M	O, F, M	
Brinkmeyer		O	O				
Car Design Schacht	O, F, M		O, F, M				
Carlsson	O, F, M		O, F, M				
Caruna					K		
D+W	O, F	O, F	O, F		O, F	O, F	
Daimler-Benz	O, F						
Duchatelet	O, F		O, F		O, F, K		
ES	O, F						
Gemballa					O, F		
GFG		K, F, M	S		O, K, F, M		
Haslbeck			O				
HF	O		O		O	O	
Isdera	S				S		
Kamei	O				O		
Kodiak					S		
Koenig Specials			O, F, M		O, F, M	O, F, M	
König					O		
Kugok					O, F, M		
Lorenz+Rankl	F, M				S		
Lorinser	O, F, M	O, F	O, F	O, F	O, F	O, F	O, F
Lotec	O, F, M		O, F, M		O, F		
MAE	O, F	O, F	O, F		O, F		
MTS	O, F	O	O, F				
Oettinger	M						
Ronny Coach					O, K		
Sbarro					K, S		
Schulz	O, K, F, M	O, K	O, F, M		O, K, F	O	
SKV	K						
Styling Garage	O, K		K		O, K, S		
Taifun	O						
Trasco					O, K		
Turbo-Motors	M	M	M		M	M	
Vestatec	O		O				
Zender	O, F	O	O		O, K	O	

ABC: Mercedes 190 (W 201) Schmalversion mit SEC-Haube …Breitversion

Lotec: Mercedes 200–300 (W 124)

HF: Mercedes 200–300 (W 124) mit SEC-Haube MTS: Mercedes 200–300 (W 124)

△ HF: Mercedes 190 (W 201) mit SEC-Haube   ▽ MTS: Mercedes 190 (W 201)

Unter den einzelnen Rubriken in der Tabelle sind zu finden:

- Optisches Tuning (O): Karosserieveränderungen innen und außen – wie zum Beispiel Spoiler, Kotflügelverbreiterungen usw. – ohne wesentlichen Eingriff in die Originalkarosserie und das Fahrwerk.
- Karosserie-Umbauten (K): Massive Eingriffe in die Originalkarosserie wie zum Beispiel Cabrio-, Coupé-Umbauten von Limousinen und Coupés, Verlängerungen.
- Sonderfahrzeuge (S): Komplettautos ohne Bezug zur Originalkarosserie und zum Teil auch ohne Bezug auf das Fahrwerk.
- Fahrwerkstuning (F): Änderungen am Fahrwerk wie Tieferlegung, Spurverbreiterung usw., ohne zwingenden Zusammenhang mit optischen Veränderungen an der Karosserie.
- Motortuning (M): Leistungssteigernde Änderungen am Motor.

Die vollständigen Adressen der Tuner sind am Buchende zu finden. Die einzelnen Tuningmaßnahmen werden in den nachfolgenden Kapiteln nach Modellen aufgeteilt beschrieben. Zuvor soll jedoch ein kleiner, allgemeiner Einblick in die Firmenphilosophien und die Gesamtprogramme der einzelnen Unternehmen gegeben werden. Dabei werden Zitate, falls notwendig, den hauseigenen Firmenbeschreibungen entnommen und unverändert weitergegeben.

ABC

Das noch relativ junge Unternehmen setzte sich zwei Programm-Schwerpunkte: Einerseits gibt es das konventionelle Spoilertuning mit eher dezenterer Optik bei den Daimler-Benz-Modellen, andererseits die extrem breiten Umbauten sowie aufwendige Cabrio-Versionen.

Das sehr umfangreiche konventionelle ABC-Programm für die optische Veränderung von Daimler-Benz-Fahrzeugen reicht vom einfachen Unterbau-Frontspoiler über Flügel und Radlaufverbreiterungen bis hin zu neuen Gepäckraumhauben mit Abrißkanten, SEC-Hauben und Innenraumveredelungen.

Eine Spezialität sind die Gotti-Felgen, die ABC im Programm führt. Diese Teile gibt es für alle aktuellen Daimler-Benz-Limousinen.

Desgleichen werden Cabrios auf Basis aller Mercedes-Limousinen gebaut sowie spezielle Breitversionen mit extremer Bereifung. Die mittlere und obere Daimler-Benz-Klasse rollen dabei hinten auf 345/35er Bereifung, der kleine Mercedes immerhin noch auf beachtlichen 285/40ern. Entsprechend ausladend sind die dazugehörigen Hinterteile, sprich Kotflügelausbeulungen. Lediglich die Breitversion des kleinen Mercedes macht hier eine Ausnahme: Die Verbreiterungen sind eher dezent gehalten. Für die S-Klasse gibt es außerdem Verlängerungen zum Pullman. Fahrwerk und Motor laufen bei ABC, falls nicht notgedrungen bei den Breitversionen erforderlich, als Sekundäreffekte mit.

Die Philosophie der ABC-Oberen lautet seit dem ersten öffentlichen Auftreten bei der IAA 1983 in Frankfurt: »Dem individuellen Autofahrer, der für sportliche Faszination, Eleganz und Harmonie ein Faible hat, wird die ABC ganz sicher das Besondere eines Automobils bieten können«. Und das Besondere hat natürlich seinen entsprechenden Preis – versteht sich.

AIRPRESS

Diese Firma tritt erstmals als optischer Veredler auf und ist seit kurzem mit einem Programm für den kleinen Mercedes 190 auf dem Markt.

AMG

Nicht umsonst trägt AMG das Wort Motorenbau ganz groß geschrieben in der Firmenbezeichnung, denn genauso bedeutend ist der Hinweis für die Geschichte und Philosophie dieser Firma. Als das Kürzel AMG noch für A wie Hans-Werner Aufrecht, M wie Erhard Melcher und G für Großaspach bei Stuttgart stand, hatte sich das Unternehmen dem Motorenbau verschrieben – und das, sowohl für die Straße, als auch für den Rennsport.

Nach dem Gründungsjahr 1967 war dies sensationell: Kein anderer wagte es, sich mit echtem Engagement der Daimler-Benz-Limousinen für den Rennsport anzunehmen. AMG tat dies mit den legendären 6,3 Liter-Versionen. Und das nicht ohne Erfolg.

Erhard Melcher schied im Jahre 1970 aus dem Unternehmen aus, und 1976 wurde der Firmensitz ins benachbarte Affalterbach verlegt. Gleichzeitig begann der enorme Aufstieg des Tuningspezialisten Hans-Werner Aufrecht, der – nicht zuletzt durch die Rennerfolge getragen – Tuning an Mercedes-Fahrzeugen wie kaum ein anderer Tuning-Unternehmer salonfähig machte.

Dem mechanischen Tuning folgten bald die optischen Veränderungen, die zum Teil – wie beispielsweise die Frontspoiler und Kotflügelverbreiterungen – auch technisch notwendig waren.

Inzwischen fertigt AMG, insgesamt gesehen, wohl das umfangreichste Programm an Tuningteilen aller Automobilveredler. Es gibt für jeden aktuellen und für viele bereits ausgelaufene Daimler-Benz-Typen Karosserie-, Interieur-, Fahrwerks- und Motortuning-Sets.

Wie sagt doch Hans-Werner Aufrecht über AMG selbst: »Aufgrund der langjährigen Erfahrung mit Daimler-Benz-Fahrzeugen besitzt AMG ein technisches Know-how, das es rechtfertigt, sich mit derartig umfassenden, ja auch ausgefallenen Kundenwünschen zu befassen, sie in Angriff zu nehmen und zur vollen Zufriedenheit zu erfüllen.«

Die einzigen Bereiche, von denen sich AMG – sicher nicht unklug bei der Hausphilosophie – ferngehalten hat, sind massive Karosserie-Umbauten zu Cabrios und ähnliche Dinge.

APAL

Der belgische Hersteller von Buggies und Replicas auf VW-Basis versucht sich erstmals an einem eigenständigen Coupé mit Daimler-Benz-Mechanik der kleinen 190er-Baureihe.

ASS

Wie andere will auch der Schalensitzhersteller ASS vom allgemeinen Trend zur individuellen Autogestaltung profitieren. Unter anderem nahm er sich dabei eines Daimler-Benz-Modelles an, und zwar des kleinen Mercedes W 201.

BB AUTO

Hinter diesem Namen verbirgt sich niemand anderes als die Firma b+b des Firmengründers Buchmann.

Neben Porsche- und VW-Modellen beschäftigt sich Buchmann liebevoll mit zwei Daimler-Benz-Derivaten: Zum einen ist dies die Sportwagenstudie BB-CW 311 mit sehr starker optischer Anlehnung an den ehemaligen Wankel-Experimentalwagen von Daimler-Benz der obersten Sportwagenkategorie und zum anderen ist es die bisher einmalige Cabrio-Version des SEC-Coupés mit einem in mehrere Stücke zerlegten Originalblechdach, das über Fahrmotore geöffnet und geschlossen wird. Das Ganze nennt sich dann sehr wohlklingend »Magic Top«. Erwähnenswert bei bb Auto ist in jedem Fall das digitale Infoboard als Ersatz für konventionelle Armaturen – auch bei Daimler-Benz-Fahrzeugen.

Und wie sieht nun die Philosophie bei bb Auto aus? Buchmann erhebt den Anspruch, den wohlklingenden Begriff »Made in Germany« durch »Kreativität und Attraktivität« zu ergänzen. Leider ist das Unternehmen 1986 in wirtschaftliche Schwierigkeiten geraten.

BBS

Das in Schiltach ansässige Unternehmen BBS steht für Felgen schlechthin. Wohl keine andere Firma hat es fertiggebracht, ein solch typisches Design wie die Gitterfelge von BBS als Produkt, das für sich selbst spricht, auf den Markt zu bringen. Vor allem kommt das Ansehen dieses Felgenstylings aus dem mit hohem Aufwand betriebenen Engagement von BBS im Rennsport.

Daneben liefert BBS auch Fahrwerkssätze, vorwiegend für BMW-, Daimler-Benz- und VW-Modelle.

Bei Daimler-Benz beschränkt sich BBS auf Spoilerkits für den 190er und die neue Mittelklasse 200–300 (W 124).

BBS vertritt die Ansicht, daß Individualität und damit Qualität gefragt ist, »die im Gegensatz steht zur Machart der Masse«. Und BBS handelt danach.

BENNY S

So reizvoll wie der Name ist das erste Produkt des Teams: Ein überaus bullig aufgemachtes S-Klasse-Coupé namens PanAm. Daneben gibt es eine Cabrio-Version und Digitalinstrumente.

BRABUS

Neben AMG ist Brabus einer der wenigen Hersteller, die ein komplettes optisches und mechanisches Tuningprogramm für neue und ältere Daimler-Benz-Modelle anbieten können. Die seit 1978 bestehende Firma agierte dabei wenig spektakulär, bis es ihr 1985 gelang, mit einem von ihr mit seriengefertigten Spoilerteilen versehenen neuen Mittelklasse-Mercedes (W 124) einen – nach eigenen Worten – c_w-Weltrekord für Serienfahrzeuge aufzustellen ($c_w = 0{,}2625$).

Neuerdings befaßt man sich bei Brabus neben dem konventionellen Motortuning auch mit der mechanischen sowie der Turbo-Auflading.

Nach der Philosophie des Hauses soll ein Fahrzeug »sportlich elegant sein, ohne gleich aufzufallen«.

BRINKMEYER

Die Firma Brinkmeyer, Hersteller von Spoilerkits für verschiedene Fabrikate und Modelle, bietet auch für die neue und alte Daimler-Benz-Mittelklasse (W 123/W 124) Bausätze an.

Zender: Mercedes S-Klasse (W 126) mit SEC-Haube

Gemballa: Mercedes SEC-Reihe (W 126) Breitversion

bb Auto (Buchmann): Cabrio auf Mercedes SEC-Basis (W 126)

△ ABC: Mercedes 500 SEL (W 126)　　　▽ Koenig Specials: Mercedes SEC-Reihe (W 126) Breitversion

CARLSSON

Ingvar Carlsson, Rallyefahrer aus Schweden, gründete im Jahre 1984, zusammen mit dem ehemaligen BMW-Tuner Andreas Hartge, die Carlsson Motorsport.

Getreu der Firmenphilosophie: »Aktiv Motorsport betreiben, um die damit gewonnenen Erfahrungen zu kommerzialisieren«, entwickelte die Firma primär Motortuningsätze für den kleinen und mittleren Mercedes. Parallel dazu entstanden auch Karosseriesets für dieselben Modelle.

Leistungsmäßiger Star ist der kleine Mercedes 190 (W 201 mit einem 5,0 Liter-Motor und 272 PS.

CARUNA

»Wenn man sich der Leistung der Stern-Bauer bewußt ist, würde so manches Tuning (an Daimler-Benz-Fahrzeugen) unterbleiben«. Dies ist die Ansicht des Schweizer Familienunternehmes Schill (Gründung 1964). Um diesem hohen Anspruch gerecht zu werden, übt die Firma Caruna Selbstbeschränkung und baut im wesentlichen nur eine Targa-Variante des SEC-Coupés sowie eine sehr stilvolle viertürige Cabrio-Limousine auf Basis der S-Klasse.

D+W

D+W, nach eigener Darstellung »Deutschlands Nummer eins für sportliches Autozubehör«, steht für Detlef Sokowicz und Werner Bauer. Nachdem reichlich Handel mit fremden Produkten auf dem Autozubehörsektor betrieben wurde, entschlossen sich die Firmenoberen, eigene Entwicklungen in Angriff zu nehmen. Und was bot sich da am besten beim vorhandenen Verkaufsapparat an? Natürlich Mercedes-Tuning.

Und so entstand – neben einzelnen Umbausätzen für Porsche, Jaguar und VW – ein komplettes Spoiler-Programm für die gesamte Daimler-Benz-Palette.

Damit wurde aus der Handelsfirma zusätzlich ein Automobilveredler.

DAIMLER-BENZ AG

Zum Erstaunen vieler, jedoch nicht gänzlich unerwartet, profitiert das Stuttgarter Werk nun selbst vom Markt der Veredler.

Im Kielwasser des werkseigenen bespoilerten 16-Ventilers, auf Basis des kleinen 190er, können die Fahrer der leistungsschwächeren und ohne Spoiler daherkommenden Versionen seit Ende 1985 über das Werk die optischen Zusatzteile des 16-Ventilers beziehen. Dasselbe gilt für die Fahrwerksveränderungen.

DUCHATELET

Die belgische Firma nimmt für sich in Anspruch, »das Feinste vom Feinen« zu bieten. Firmenoriginalton: »Nichts Großes kann vom Kompromiß kommen«. Die seit 1980 exklusiv auf dem Gebiet der Daimler-Benz-Veredelung tätige Firma, ist eine der renommiertesten Adressen für elegantes, eher konservatives, optisches Tuning.

Neben konventionellen Karosserie-Anbauteilen für alle aktuellen Limousinenbaureihen von Daimler-Benz, ist Duchatelet insbesondere stark bei der Innenraumveredelung mit Holz und Leder. Ferner sind bei Duchatelet Karosserieverlängerungen, Sicherheitspanzerungen und neuerdings Flügeltüren für die S-Klasse erhältlich.

ES

Die bayerische Firma ist Anbieter von Motorrad- und Autozubehör. Neben Karosserie-Umbausätzen für Audi- und VW-Modelle, liefert das Unternehmen auch Aerodynamikteile für die Mercedes 190er-Baureihe.

GEMBALLA

Uwe Gemaballa gilt als einer der bekanntesten deutschen Automobilveredler schlechthin. Seit Gründung der Firma Ende der siebziger Jahre beschäftigt sich das Unternehmen mit der Veredelung von Porsche-Modellen. Seit relativ kurzer Zeit optimiert Gemballa auch Produkte aus dem Hause Daimler-Benz.

In der Vergangenheit sahen die umgebauten Mercedes-Modelle der S-Klasse eher sehr dezent aus. Und was das Äußere betraf, wurde meistens mit Teilen aus fremder Produktion verändert. Dies hat sich jetzt völlig geändert. Gemballa nimmt für sich in Anspruch, »das breiteste SEC-Coupé zu bauen«. Man darf gespannt sein, was dem Unternehmen zum Thema Daimler-Benz sonst noch einfällt, insbesondere bei zukünftigen, in der obersten Preiskategorie angesiedelten neuen Mercedes-Modellen mit schon vom Werk aus sportlicher Optik. Die Porsche-Show im eigenen Haus erwartet dann gleichwertige Konkurrenz.

GFG

Mit der Turbotechnik für Daimler-Benz-Dieselmotoren fing 1981 bei GFG alles an. Danach hieß der Schwerpunkt Cabrios, Langlimousinen und gepanzerte Fahrzeuge auf der Basis der letzten Mittelklasse-Baureihe W 123 und der S-Klasse von Daimler-Benz.

Erstmalig hat sich GFG an einen eigenen Sportwagenentwurf, auf Basis der Daimler-Benz-Mechanik der neuen Mittelklasse W 124, gewagt.

HASLBECK

Die Brüder Haslbeck begannen den Aufbau ihrer Firma – die Gründung erfolgte im Jahr 1979 – mit Geländewagenzubehör. Später kam das Geschäft mit eigens für japanische Automobilhersteller gefertigten Spoilersätzen hinzu.

Nun präsentiert die Firma Haslbeck erstmalig ein eigenständiges Pkw-Programm, das direkt vertrieben wird. Modell ist die neue Mittelklasse von Daimler-Benz, der W 124.

HF

Die Automobilveredelung begann 1979 am VW Golf. Seit 1981 spezialisiert sich HF auf Daimler-Benz-Modelle und liefert ein optisches Umrüstprogramm für alle aktuellen Mercedes-Baureihen.

ISDERA

Hinter der Bezeichnung Isdera – Abkürzung für Ingenieurbüro für Styling, Design und Racing – steckt kein geringerer als Eberhard Schulz.

Schulz will »automobilistische Urinstinkte, die heute in den fast perfekten Uniformitäten verkümmern, wieder zum Leben erwecken«. Er tut dies mit zwei auffälligen Kleinstserie-Sportwagen auf Daimler-Benz-Mechanik. Die Preise für ein derart atemberaubendes Fahrzeug beginnen bei zirka 125 000 Mark und enden dort, wo man nicht mehr darüber spricht.

KAMEI

Kamei, Kürzel für den Namen des Firmengründers Karl Meier, ist zusammen mit BBS und Zender der größte Hersteller von Massenprodukten in der Spoilerbranche.

Großgeworden ist das 1949 gegründete Unternehmen mit einer ganzen Palette von Automobil-Zubehörteilen – angefangen mit der Blumenvase bis hin zum Trinkbecherhalter. In den siebziger Jahren folgten schließlich Spoilerteile. So richtig zu Blühen begann das Geschäft insbesondere mit BMW- und VW-Anbauteilen (Dreierreihe, VW Golf).

Mit dem S-Klasse-Mercedes wagte sich Kamei erstmals in die Domäne der »Stern-Veredler« und zog mit dem 190er-Modell nach.

KODIAK

Der Prototyp Kodiak F1 – was sich nach großer weiter Welt und Rennpiste anhört – wurde in Stuttgarts Umgebung gebaut. So wie der Name trägt auch die Karosserieform recht exotische Merkmale.

Der reinrassige Flügeltüren-Sportwagen ist das einzige Modell seines Schöpfers Mlado Mitrovic und wird auf Wunsch auch mit einem V8-Motor von Daimler-Benz ausgerüstet.

KOENIG SPECIALS

»Kein Wunsch ist unerfüllbar. Die Koenig-Techniker und -Designer nehmen jede Herausforderung an!« – So ist jedenfalls die Koenig-Philosophie in den Firmenunterlagen nachzulesen.

Über einen Zweifel sind alle Produkte von Koenig Specials erhaben: Es gibt kein modifiziertes Auto von Koenig, das nicht als spektakulär zu bezeichnen wäre. Dies gilt insbesondere auch für die von Koenig seit 1984 umgebauten Daimler-Benz-Serien SL-Roadster, SE/SEL-Limousine und SEC-Coupé.

Sie rollen, genauso wie die seit 1978 modifizierten Ferrari, durchweg auf den breitesten Walzen, die am Markt erhältlich sind, haben mit die auffälligste Optik und sind so breit, daß es nur noch akademisch ist zu fragen, ob es noch breiter geht. Inzwischen liefert Koenig sogar »heiße« Kompressormotoren für den Vierzylinder-16-Ventiler und die V8-Boliden. Show mit Pep also.

Dem allgemeinen Trend zu dezenterer Optik folgend, hat Koenig Specials seit 1986 auch Schmalversionen für die Daimler-Benz-Limousinen im Programm.

KUGOK

Showtuning mit viel Glanz und Gloria, mit viel Glitter und Gold; Stereo, TV, Tischchen, Bar und ähnliches: So liest sich die Zubehörliste von Kugok, natürlich für Daimlers S-Klasse. Selbst an den alten 600er-Mercedes kann man sich anlehnen, und zwar mittels der Pullman-Haube für den Preis eines VW Polo.

L'ETOILE

Unter dem Namen »L'Etoile« (der Stern) modifiziert die belgische Firma Ronnie Coach Building S-Klasse-Modelle von Daimler-Benz durch optische Änderungen außen und innen sowie durch zum Teil massive Verlängerungen.

LORENZ + RANKL

Das Unternehmen Lorenz + Rankl spezialisierte sich auf Cabrio-Umbauten. Außerdem war die Firma sehr erfolgreich auf dem Gebiet der Karosserie-Änderungen

Lorinser: Mercedes SEC-Reihe (W 126) mit Lorinser-Felgen

Ronny Coach Building: Mercedes S-Klasse (W 126) als Pullman-Version ›L'Etoile‹

ABC: Mercedes 200–300 (W 124) Schmalversion

ABC: Interieur des Mercedes 500 SEC in Cabriolet-Ausführung

▽ ABC: Mercedes 500 SEC (W 126) Breitversion

▽ Lotec: Mercedes 190 (W 201) Breitversion

für andere Tuner und Automobilimporteure. Daneben gibt es die gewaltigen Lorenz-Schöpfungen »Silberfalke« und einen Nachbau des AC Cobra, beide mit Mercedes-Mechanik.

LORINSER (SPORTSERVICE LORINSER)

Seit 1932 ist Lorinser als Vertretung der Daimler-Benz AG bekannt. Hieraus entstand Ende der sechziger Jahre durch Kundenanregungen die erste Idee, optische Veränderungen an den motorisch stärksten Mercedes-Fahrzeugen, den 6,3 Liter- und den 6,9 Liter-Modellen, vorzunehmen.

Dieses von Lorinser gerne als »Styling« präsentierte Programm – Anzeigen-Zitat: »... alle sprechen von Styling; wir bieten die Perfektion« – schlug voll ein, so daß Lorinser in kürzester Zeit einer der renommiertesten und erfolgreichsten Daimler-Benz-Optiker wurde und immer noch ist.

Von 1977 an optimierte die Firma dann schließlich alle Daimler-Benz-Personenwagen; selbst der Geländewagen (G-Modell) und die kleineren Lieferwagen wurden nicht vergessen.

Die selbst entworfenen Alufelgen gehören ohnehin zu den optischen Leckerbissen.

Lorinser hat mit Sicherheit eines der größten, wenn nicht das größte Programm an Karosserie-Umrüstteilen aller Mercedes-Veredler.

LOTEC

Hinter diesem Namen verbirgt sich der bekannte Sportwagen-Konstrukteur und Rennfahrer Lotterschmid, mehrfacher Europacup- und Deutscher Rennsportmeister auf selbstgebauten Sportwagen.

Die seit 1962 bestehende Firma erhielt 1974 den Namen Lotec und begann gleichzeitig mit Porsche-Tuning. Seit 1984 wird auch Daimler-Benz-Tuning betrieben. Inzwischen umfaßt das optische und mechanische Teileprogramm alle aktuellen Daimler-Benz-Limousinen.

MAE

Das von Manuela Müller geführte Unternehmen ist noch relativ neu am »Sternen-Himmel«.

Mit einem eigenständigen Stil wird sowohl die alte als auch die neue Daimler-Benz-Mittelklasse W 123 und W 124 sowie die 190er-Reihe W 201 optisch geändert. Schließlich sind auch für Modelle der S-Klasse bei MAE Umrüstteile erhältlich.

MTS

Die Firma MTS wurde 1981 gegründet. Sie befaßt sich mit optischem Tuning von Exterieur und Interieur an Daimler-Benz-Fahrzeugen. Optimiert werden die 190er-Serie sowie die ausgelaufene und neue Mittelklasse W 123 und W 124.

OETTINGER

Diplomingenieur Oettinger, der »Papst« aller VW-Tuner und tätig seit 1947, hat ihn also auch getan, den Schritt zum Daimler-Benz-Tuning. Genauer gesagt: Der 190er mit 16-Ventil-Motor erhält mittels bewährter Oettinger-Methode etwas mehr Power. Die Optik verschont Oettinger von Änderungen – zumindest bisher.

Es wird interessant sein zu sehen, wie sich der alte Grandseigneur auf fremdem Terrain bewährt.

SBARRO

Franco Sbarro ist sicherlich einer der ganz Großen in der Veredlerwelt, und was das Showtuning der Superlative betrifft, wahrscheinlich der Größte. Ihn interessiert nicht Masse, sondern ausschließlich Klasse. So extrem wie seine Objekte, so extrem sind die Meinungsunterschiede über ihn und seine Werke. Und als »Werke« muß man seine Kreationen schon bezeichnen, Werke eines Meisters.

Sbarros Repertoire reicht vom Mini-Mercedes-Roadster der dreißiger Jahre für Kinder, den es gleichzeitig als 1:1-Nachbau für den öffentlichen Straßenverkehr gibt, über zwei- und viertürige Flügeltürer auf Basis der S-Klasse von Mercedes bis hin zum zwei- oder viersitzigen Supersportwagen mit nach oben hin offenem Preis und Mercedes-V8-Bi-Turbo-Motor.

Franco Sbarro darf sich glücklich schätzen, über eine Klientel zu verfügen, die nicht nur bereit ist, nahezu jeden Preis – gegebenenfalls mittels Blankoscheck – zu bezahlen, sondern die auch dem Meister gegenüber volles Vertrauen in seine Künste besitzt.

Je nach Mentalität, bespricht Sbarro mit seinen Kunden die Konstruktion vorweg bis ins Detail oder aber er erhält völlig freie Hand und kann – theoretisch – seinem Kunden das fertiggestellte Einzelstück präsentieren.

Zumeist jedoch wird dieser sein Traumauto in der Entstehungsphase mehrmals sehen wollen, zumal sich so eine Einzelanfertigung über Monate, manchmal über mehr als ein Jahr hinzieht, bis sie fahrbereit ist und ausgeliefert werden kann.

SCHULZ

Erich Schulz, Autoveredler aus Passion, sieht die Schwerpunkte seiner Tätigkeit in der »Autoveredlung im optischen Bereich und unter der Motorhaube«.

Bekannt geworden ist Schulz-Tuning insbesondere durch seine Cabrio-Version des kleinen Mercedes und durch den Einbau des 5,0 Liter-V8-Motors aus der S-Klasse in die 190er-Baureihe.

Bisher einmalig ist seine Coupé-Variante des Mercedes 190. Ähnlich umfangreich wird derzeit die neue Mittelklasse W 124 entwickelt, und von der S-Klasse gibt es immerhin, neben den allenthalben angebotenen konventionellen Spoiler- und Motortuning-Programmen, offene Versionen auf SEL-Basis und Verlängerungen bis zum derzeit, nach eigenen Angaben, längsten S-Klasse-Mercedes, der um sage und schreibe volle zwei Meter länger ist als das Original. Wie die Zeitschrift »sport auto« 1985 doch so schön schrieb: »Superlonglong«.

SKV

SKV-Styling bietet den Umbau des Mercedes 190 zum Cabrio mit feststehenden Fensterrahmen, also eine Art Cabrio-Limousine (Landaulet).

TAIFUN

Taifun-Automobiltechnik, eine Spezialfirma für Sondergrills aller möglicher Fahrzeugtypen, widmet sich nun auch dem Mercedes 190.

TRASCO

Seit 1971 ist Trasco International als freier Autohändler in Europa tätig und stellte 1985 erstmals eigene Umbauten vor. Basis sind die Baureihen der SE-, SEC- und SEL-Klasse, die mit Flügeltüren und Verlängerungen versehen werden können.

TURBO-MOTORS

Diese Spezialfirma für Turbo-Aufladung beschäftigt sich mit Diesel- und Benzinmotoren in Daimler-Benz-Fahrzeugen. Turbo-Motors kann nahezu alle derzeit eingebauten Motoren der Mercedes-Baureihen mittels Lader zu gesteigerter Leistung verhelfen.

ZENDER

Albert Zender begann 1969 in kleinem Rahmen mit der Produktion von Schalensitzen. Einige Jahre später nutzte er den Spoiler-Boom, insbesondere mit BMW-Modellen und am VW Golf. Inzwischen schließt das umfangreiche Zender-Programm auch die Umrüstung von Daimler-Benz-Fahrzeugen ein. Neben konventionellen Spoilerprogrammen für die Mercedes 190-Baureihe (W 201), die alte und neue Mittelklasse W 123 und W 124, die S-Klasse (W 126) sowie die SL-Modelle (R 107), beschäftigt sich Zender Exklusivauto – wie eine Sonderabteilung für spezielle Automobilveredlung fern der Massenproduktion heißt – mit besonderen Umbauten. Hier entstanden unter anderem Kombis und Breitversionen auf Mercedes-Basis.

Daß der Massenhersteller Zender über diesen Sonderbereich überhaupt verfügt, wissen nur die wenigsten.

Sbarro: »Challenge« mit S-Klasse-Technik und Bi-Turbo-Motor

◁ Isdera: 108i-Coupé mit Flügeltüren und S-Klasse-Technik

Lorenz + Rankl: »Silberfalke« mit S-Klasse-Technik

△ Zender: Mercedes SL-Reihe (R 107) mit Rundscheinwerfergrill und Zender-Felgen

▽ Lorinser: Mercedes SL-Reihe (R 107)

Die Alten

Tuning an ausgelaufenen Modellen

Beim Umfang und der Bedeutung des Tuning bei den aktuellen Daimler-Benz-Baureihen ist es kaum mehr vorstellbar, wie wenig bei den vorletzten und selbst noch den letzten Vorgängermodellen von den Automobilveredlern getan wurde.

Der kleine Mercedes 190 (W 201) hat keinen Vorgänger; und bei der vorletzten SL-Reihe wurde sogut wie kein Tuning betrieben.

Erste Ansätze von Motortuning und Karosserie-Änderungen zeigten sich bei der großen Mercedes-Baureihe in den Jahren 1968 bis 1972, als mit dem leistungsstarken 6,3 Liter-Motor von AMG erste Einsätze im Tourenwagen-Rennsport gefahren wurden. Auf der Rennstrecke erschienen diese Geräte mit Radlaufverbreiterungen; an Frontspoiler, Flügel, etc. war noch nicht zu denken. Die hatten allerdings schon die kleinen »Fiat-Abarth-Rennhornissen« von Haus aus, so daß – nachdem auch die kleinen NSU TT und TTS mit solchen Accessoires ausgestattet wurden – auch bald bei den anderen Marken und bei Daimler-Benz nachgezogen wurde.

Falls also ein Fahrzeug der drittletzten Generation der Mercedes-Mittelklasse W 107 oder der S-Klasse W 108 noch mechanisch oder optisch geändert werden soll, ist es am besten, sich an Firmen wie AMG oder Lorinser zu wenden, die schließlich als die Pioniere des Daimler-Benz-Tunings bezeichnet werden und ein enorm umfangreiches Programm anzubieten haben. Zumindest können sie weiterhelfen.

Es gibt auch einige Billigprodukte, insbesondere Frontspoiler für die alte Mittelklasse W 107, auf die hier allerdings nicht näher eingegangen werden soll. Insbesondere ist bei Motor- und Karosserie-Änderungen für derartige ältere Modelle darauf zu achten, daß TÜV-Gutachten vorliegen. Diese werden nämlich voraussichtlich in den seltensten Fällen vorhanden sein.

Sehr viel günstiger sieht es bei mechanischem und optischem Tuning der Vorgängergeneration der jetzigen Daimler-Benz-Mittel- und S-Klasse aus. Für die Baureihen W 123 und W 116 sind bereits ausreichend TÜV-begutachtete Umbauten vorhanden.

Für die Mittelklasse-Modelle W 123 bieten AMG, Brabus, GFG, Lorinser, MAE, MTS, Schulz, Turbo-Motors und Zender reichlich Umbauvarianten vom Fahrwerkssatz über Motortuning bis hin zu Spoilersätzen, Cabrio-Umbauten und Verlängerungen an.

Für den Vorgänger der S-Klasse, den W 116, ergeben sich hingegen wesentlich weniger Möglichkeiten zum Umbau von Motor und Karosserie. Aber auch hier stehen AMG und Lorinser mit Rat und Tat zur Seite.

Daneben gibt es bei der Firma UT Teile zur

△ Lorinser: Alte Mercedes S-Klasse (W 116) mit SEC-Haube

▽ D+W: Alte Mercedes-Mittelklasse (W 123)

AMG: Altes Mercedes-T-Modell (W 123)

optischen Veränderung. Die Firma bietet einen preisgünstigen Aerodynamiksatz mit Frontspoiler, Seitenschweller und Heckschürze sowie einen gewaltigen Heckflügel für die alte S-Klasse an.

AMG hält sich diesbezüglich an das mechanische Tuning in Form von Tieferlegung des Fahrwerks und insbesondere Motortuning.

Ein Teil der für die aktuelle S-Klasse W 126 verwendeten Modifikationen lassen sich auch bei den Vorgängermodellen W 116 einbauen. Auf TÜV-Gutachten macht AMG als renommierter Hersteller selbst aufmerksam.

Lorinser bietet für die alte S-Klasse optische Teile an. Selbst eine SEC-Haube kann Lorinser dem W 116-Oldie-Besitzer anbieten. Neben dem üblichen Frontspoiler-, Seitenschweller- und Heckschürzen-Programm, liefert das Unternehmen außerdem noch die typische Lorinser-Gepäckraumhaube mit integrierter Metall-Abrißkante.

Beide Hauben gehören nicht gerade zu den Billigprodukten, lassen jedoch das Herz eines wohlbetuchten W 116-Fans mit nostalgischer Anhänglichkeit höherschlagen.

Ein mit solchen speziellen Teilen und dem Lorinser-Fahrwerk – dazu gehören 245/45 R 16-Reifen auf 9 Zoll-Felgen – veredelter W 116 braucht sich dank seiner Top-Eleganz wahrlich nicht zu verstekken. Im Gegenteil, er zieht zumeist bewundernde und verwunderte Blicke auf sich.

Bei der gerade ausgelaufenen Mittelklasse W 123 ist das Angebot an mechanischen und optischen Tuning-Teilen schon recht groß. Bezüglich Leistungssteigerung bietet AMG ein 2,8 Liter-Aggregat mit 155 kW (210 PS), das die Höchstgeschwindigkeit von Limousine oder Coupé auf über 210 km/h und die Beschleunigung von 0 bis 100 km/h auf unter neun Sekunden verbessert. Fahrwerk, Auspuffanlage, manuelles Fünfgang-

Brabus: Altes Mercedes-Coupé (W 123) der Mittelklasse

Getriebe, eine leistungsfähigere Bremsanlage und ein Sperrdifferential werden von AMG ebenfalls angeboten. Die Bereifung geht bis zu 225/50 R 16 auf AMG-Felgen der Größe 8 × 16 Zoll.

Für die Optik bietet AMG Frontspoiler, Seitenschweller und Heckschürze sowie einen Heckspoiler für die Original-Gepäckraumhaube.

Ähnliches wie bei AMG tut sich bezüglich W 123 auch bei Brabus. Die Möglichkeiten bei mechanischen Veränderungen betreffen Felgen und Reifen – bis 245/45 R 16 auf Felgen 9×16 –, Sportfahrwerk, Auspuffanlage und Leistungssteigerung.

Die Mehrleistung beträgt beim Sechszylinder-Motor zirka 20 bis 25 PS (15 bis 18 kW) und wird durch konventionelles Motortuning ohne Hubraumvergrößerung erreicht. Auch für die Vierzylinder-Aggregate gibt es Leistungserhöhungen, jedoch wie beim W 123-Sechszylinder nur noch auf Wunsch und Anfrage.

Im Innenraum läßt sich der W 123 bei Brabus – außer mit den üblichen Dingen wie Lederlenkrad, Holzschalthebelknopf, diverse Zusatzinstrumente – auch mit echtem Wurzelholz verschönern. Die Kosten hierfür sind jedoch erst auf Anfrage zu erfahren.

Anders dagegen sieht es bei der äußeren Optik aus. Frontspoiler, Seitenschweller und Heckschürze sind das übliche Standardprogramm wie bei den anderen Anbietern auch. Zusätzlich gibt es – wie bei Lorinser – eine Gepäckraumhaube mit integrierter Abrißkante für den Luftstrom.

Die Firma Brinkmeyer hat für die ausgelaufene Daimler-Benz-Mittelklasse einen Spoilersatz, der sich erheblich von den Mitbewerbern unterscheidet. Der kantig gezeichnete Frontspoiler geht in gegrillte Seitenblenden auf Stoßleistenhöhe über. Brinkmeyer setzt das Rillenprofil konsequent in der Heckschürze fort.

Brinkmeyer: Alte Mercedes-Mittelklasse (W 123)

Auch der Zubehörgigant D+W hat in seinem selbstentwickelten Daimler-Benz-Programm noch den W 123 aufgenommen und bietet Frontspoiler, Heckschürze und Seitenschweller an. Bei D + W gibt es sogar noch einen freistehenden Heckflügel für die Ex-Mittelklasse von Daimler-Benz.

Ganz andere Schwerpunkte bestimmen das Programm von GFG Turbo und Technik. Ausgangspunkt der Aktivitäten bei GFG waren Turbomotoren für Daimler-Benz-Dieselmotoren, inbesondere für den W 123. So sind der 240 D mit maximal 68 kW (92 PS), der 300 D mit maximal 84 kW (115 PS) – in der Serie waren dies 65 kW (88 PS) – erhältlich. Daneben gibt es GFG-gepanzerte Fahrzeuge für die mittlere Mercedesklasse und als besondere Spezialität ein W 123-Cabrio, zweitürig und viersitzig. Das Cabrio erhält auf Wunsch einen elektrohydraulischen Mechanisums und verfügt über Reifen der Größe 225/50×15 auf 7×15-Felgen von BBS.

Preis des Ganzen, wie in solchen Fällen meistens, auf Anfrage.

Bei Lorinser gibt es mehr konventionelle und in Preislisten aufgeführte Teile für die Optik des W 123. Der Sportservice hat für den W 123-Besitzer Breitreifen bis 245/45 R 16 auf Felgen der Größe 9 J×16 und Sportfahrwerke, für den Innenraum Lenkräder und Sitze und für die äußere Optik ein Spoilerprogramm zusammengestellt. Es gibt Frontspoiler und Heckschürze als Anbauteil an die Originalstoßstangen oder als komplette Frontspoiler- beziehungsweise Heckschürzenstoßstange; dazu den passenden Seitenschwellersatz, eine Motorhaube im SEC-Look, die Lorinser-Gepäckraumhaube mit Abrißkante und für das T-Modell einen Dachspoiler.

Die Teile von Lorinser sind, wie bei den anderen Anbietern, für den W 123 aus glasfaserverstärktem Kunststoff (GFK) hergestellt, einem Material also,

△ GFG: Cabrio auf Basis der alten W 123-Reihe ▽ Lorinser: Altes Mercedes T-Modell (W 123)

MAE: Alte Mercedes Coupé-Version (W 123)

das zwar nicht elastisch, aber widerstandsfähig und leicht reparierbar ist.

MAE bietet eine Spezialität beim W 123-Tuning an: Dem Mercedes CE-Coupé werden dezente Kotflügelverbreiterungen verpaßt, die diesem Modell ausnehmend gut stehen. Allerdings erhält dieses Modell auch einen passenden Frontspoiler sowie eine Heckschürze und dicke Reifen bis zu der Dimension 285/40 R 15 auf 11 Zoll-Felgen auf der Hinterachse. Dann ist es jedoch notwendig, das Fahrwerk tiefer zu legen.

MTS kocht beim »W 123-Menü« lediglich auf kleiner Flamme und bietet nur Frontspoiler, Seitenschweller und Heckschürze an. Für viele ist dies auch genug.

Im Gegensatz zu MTS bietet Schulz-Tuning zusätzlich noch eine Gepäckraumhaube mit Abrißkante sowie eine Motorhaube mit breitem Grill à la SEC-Coupé. Ähnlich aufwendig läßt sich auch das Mercedes T-Modell umbauen. Die Abbildung zeigt eine Version mit sehr harmonischen Radlaufverbreiterungen, bei der allerdings entsprechend kostspielige Montage- und Lackierarbeiten zu berücksichtigen sind. Als Spezialität liefert Schulz-Tuning unter anderem verlängerte Fahrzeuge. Die um bis zu zwei Meter gestreckten vier- oder sechstürigen Pullman-Limousinen können, wie abgebildet, optisch ebenfalls noch modifiziert werden.

Die Aktivitäten von Turbo-Motors liegen auf dem Gebiet des Motortunings und, wie der Firmenname es andeutet, der Aufladung mittels Turbolader. Für die Aggregate der Baureihe W 123 hält Turbo-Motors einen leistungssteigernden Bausatz für den 300 D (84 kW/115 PS statt 65 kW/88 PS in der Serie) sowie für den 280 E (161 kW/220 PS statt 136 KW/185 PS in der Serie) bereit. Für den 240 D-Motor mit einer serienmäßigen Leistung von 48 kW (65 PS) beziehungsweise 53 kW (72 PS) steigert

△ MTS: Alte Mercedes-Mittelklasse (W 123)

▽ Schulz: Altes Mercedes T-Modell (W 123)

Schulz: Pullman-Version auf Basis der alten Mercedes-Mittelklasse (W 123)

Turbo-Motors die Kraft auf 60 kW (82 PS) beziehungsweise 66 kW (90 PS). Ein besonderer Hochleistungskit schafft laut Angaben des Herstellers sogar 73 kW (100 PS). Bei der 200 D-Variante legt sich Turbo-Motors nicht absolut fest, sondern spricht von einer relativen Leistungserhöhung von »zirka 25 Prozent« bei der Standard-Turboanlage und von »zirka 45 Prozent« bei der Hochleistungs-Turboanlage. Nach eigenen Angaben übernimmt Turbo-Motors die notwendigen TÜV-Eintragungen gegen Bezahlung selbst, was sicher auch für den Kunden besser ist.

Die Firma Zender ist in allen Daimler-Benz-Klassen gegenwärtig und damit auch bei der ausgelaufenen Mittelklasse präsent. Die Zender-Variante des Spoilerprogramms für den W 123 dürfte mit die zahlenmäßig erfolgreichste aller Veredler überhaupt sein – und dies sicher nicht unberechtigt. Die Teile sind relativ preiswert und fügen sich durch ihre Glattflächigkeit recht harmonisch in das Gesamtbild der Mercedes-Karosserie ein. Sie geben, ähnlich wie die Teile von Schulz-Tuning, dem W 123 ein strafferes, moderneres Aussehen dadurch, daß sich die Karosserie ab den Stoßstangen nach unten weniger zerklüftet und damit »optisch strömungsgünstiger« zeigt, ganz im Stil der aktuellen Aerodynamik-Autogeneration.

Beim gerade ausgelaufenen Mittelklasse-Mercedes ist also das Angebot an Teilen zur optischen Veränderung noch so groß, daß wohl jeder für seinen Geschmack das Passende findet, ohne allzugroße Konzessionen an seine Idealvorstellung machen zu müssen. Auch nachträgliche Änderungen an Motor und Innenraum sind noch bei den älteren Modellen möglich, auch wenn ihre Vielfalt nur ein Bruchteil dessen ist, was heute für die aktuellen Daimler-Benz-Modellreihen angeboten wird.

Zender: Alte Mercedes-Mittelklasse (W 123) mit Zender-Felgen

Baby-Benz

Tunersensation auf vier Rädern

Wer hätte schon vor dem Erscheinen des kleinen Mercedes 190 (werksinterne Bezeichnung W 201) damit gerechnet, daß mal ein Modell aus der Daimler-Benz-Reihe zwei absolut neue Aspekte für die Autoveredlerzunft aufzeigt:

- **Die optisch aufgemotzten Fahrzeuge sind der Blickfang auf allen Straßen und tragen ganz entscheidend zum Image der Serienmodelle bei.**
- **Masse und Klasse sind gleichwertige Faktoren.**
- **Es gibt für den 190 schlichtweg alles, was es bisher nur in ganz schmalen Bereichen vom Billigauto bis zur Luxuslimousine gab: Tuning von 100 Mark bis 100 000 Mark.**

Das Tuning-Spektrum ist schlichtweg sensationell und zuvor nie dagewesen. Ob nun Motortuning oder optische Veredelung – es handelt sich um eine Art Spiel – fast – ohne Grenzen, das die automobilen Veredelungskünstler mit dem 190er treiben.

Bezüglich der Mechanik reicht dies vom mittels Turbolader aufgeblasenen 190 D-Motor mit schlichten 53 kW (72 PS) bis hin zum 5,0 Liter-V8-Motor mit 221 kW (300 PS), den man aus der schweren S-Klasse in die leichte Karosserie des 190ers verpflanzt. In bezug auf die Optik, reicht das Angebot vom schlichten Rundscheinwerfereinsatz und Heckflügelchen bis zur Superbreitversion mit dicken Kotflügelverbreiterungen und Walzen der Dimension 285/40 auf der Hinterachse. Es wird sogar schon von breiten Reifen der Größe 345/35 geredet. Und wenn in dieser Branche über irgend etwas gesprochen wird, kann man damit rechnen, daß aus dem Gerücht schon bald Realität wird.

Besonders bemerkenswert ist aber die Tatsache, daß mit Erscheinen des 190er bei den »Karosserieklempnern« ein unwiderstehlicher Drang zu Arbeiten mit Blechschere und Trennschleifer entstanden ist, der nicht nur so manchen kleinen Mercedes den »Skalp« gekostet hat. Die epidemieartige Ausbreitung des »Cabrio-Virus« machte weder halt vor Skodas, Minis und Range-Rovern, noch nahm sie Rücksicht auf Stückzahl und Aussehen der einzelnen Modelle: Die Autos wurden erbarmungslos »geköpft«. Im Bereich der Cabrios sind deshalb bereits erstaunlich viele und vielfältige 190er ohne festes Dach zu finden. Ähnliches läßt sich auch für das Kapitel Sonderumbauten beim kleinen Mercedes zusammenstellen.

Zwar gab es zum Zeitpunkt der Entstehung dieses Buches weder einen dreiachsigen 190er noch einen 190 Pullman, weder einen 190er Kombi noch einen Flügeltürer, und es gab auch noch keinen 190er mit Klappscheinwerfern oder eine Speedster-Variante. Aber wer weiß schon genau, was die Umbauspezialisten derzeit so alles entwickeln. Sie sind, wie in der Vergangenheit auch, für Überraschungen allemal gut.

Grenzen könnten hierbei eigentlich nur noch durch zwei Umstände gesetzt werden: Einerseits gibt es die neue Mittelklasse W 124, die – als größere und teurere Ausgabe des 190ers – von Tunern derzeit bevorzugt wird und einen breiteren Spielraum im Aufpreisgeschehen als der 190er bietet; und andererseits die Erkenntnis, daß irgendwann die Relation zwischen Sensation – sprich enormen Entwicklungskosten – und Vernunft – sprich Rentabilität – nicht mehr gegeben ist.

Die Kunden für solche automobilen Exzesse waren immer rar und werden immer rarer. Das Schlimme geschieht dann, wenn der ganze Kuchen in immer mehr Stücke – auf immer mehr alte und neue Firmen – aufgeteilt werden muß. Konkurrenz belebt zwar den Markt, fördert oftmals jedoch auch »Murks und Pfusch«.

Nachfolgend soll zuerst ein Überblick über Motortuning, Felgen und Bereifung sowie Spoilerprogramme gegeben werden. Beim Motortuning werden nur die vom Hersteller genannten Leistungsdaten angegeben, ohne die Fahrleistungen zu nennen, da zum Teil schon aufgrund der Leistungsdaten die genannten Fahrleistungen mancher Hersteller gar nicht erreichbar sein können. Wer sich dafür interessiert, muß dies den Prospekten der Tuningfirmen entnehmen. Hier angegebene Werte sind Erfahrungs- und Rechenbeispiele aufgrund objektiver Testwerte der gleichen oder ähnlichen Ausführungen.

Optisches und mechanisches Tuning am Mercedes 190

Optisches Tuning umfaßt eigentlich alle äußerlich sichtbaren Änderungen an der Karosserie und im Innenraum. Cabrio-, Coupé- und Sonderaufbauten werden jedoch in einem speziellen Kapitel behandelt. Trotzdem läßt sich das »konventionelle« optische Tuning nochmals in drei Bereiche unterteilen:

- **Optische Änderungen des Karosserieäußeren (Exterieur)**
- **Innenraumänderungen (Interieur)**
- **Räder**

Beschäftigen wir uns zunächst mit den Rädern, also der Felgen-Reifen-Kombination.

Da das Angebot auf diesem Gebiet auch für einen Fachmann unüberschaubar ist und außerdem ständig wechselt, wollen wir zunächst eine Empfehlung für die Praxis geben. Um überhaupt einen einigermaßen gesicherten Überblick über das Felgenprogramm für einen bestimmten Fahrzeugtyp zu erhalten, gibt es drei Möglichkeiten:

- **Man studiert ausgiebig Prospekte der Felgenhersteller oder die Kataloge der großen Autozubehörhändler;**
- **man befragt seinen Reifen- oder Automobilhändler;**
- **man besucht Automobilausstellungen.**

Bei den Prospekten und Katalogen ist zwar nicht der Gesamtüberblick garantiert, doch ist es gewiß eine ausgezeichnete Methode, einen guten Überblick zu erhalten und den eigenen Geschmack zu testen. Außerdem spricht es sich dann auch wesentlich leichter mit den Händlern oder Ausstellern.

Falls die serienmäßigen Felgen gegen Sonderfelgen getauscht werden sollen empfiehlt es sich, das Fahrzeug mit Stahlfelgen zu bestellen und diese dann mit Winterreifen zu bestücken, falls man sich – aus optischen Gründen – nicht den Luxus leistet, eine eigene Leichtmetallfelgen-Winterreifen-Kombination zuzulegen.

Das Ummontieren von Sommer- auf Winterreifen bei der gleichen Leichtmetallfelge ist ziemlich unsinnig und strapaziert Felgen und Reifen. Außerdem müssen die Reifen sorgfältig gelagert und die Felgen immer neu gewuchtet werden.

Bei erforderlichen Winterreifen ist deshalb anzuraten, entweder unter Hinnahme optischer Einbußen Stahlfelgen mit Winterpneus zu fahren oder den ganzen Schritt zu tun und eine komplette Garnitur Leichtmetallfelgen mit hochwertigen Winterreifen zu bestücken, die es inzwischen bereits in recht beachtlichen Breiten und für hohe Geschwindigkeiten bis über 200 km/h gibt, die aber auch entsprechend teuer sein können.

Bei den Sonderfelgen gibt es wiederum drei wesentliche Gruppen hinsichtlich Aussehen:

- **Die Gitterfelgen**
- **Die Stabfelgen**
- **Die Aerodynamikfelgen**

Die Gitterfelge hat ihren klassischen Vertreter in der BBS-Felge. Diese zeichnet sich durch ein an die klassischen Speichenfelgen erinnerndes Kreuzspeichenmuster aus. Es gibt sie inzwischen mit mehr oder weniger großem Winkel zwischen den beiden Speichenrichtungen in vielfältiger Anzahl von fast allen Felgenherstellern. BBS liefert dazu eine Variante, die optisch an die äußerst erfolgreiche dreiteilige Rennfelge erinnert. Die Stabfelgen mit radial gerichteten Stäben reichen von den klassischen Ferrari-Rennfelgen bis hin zu den Alpina-Felgen und sind im Grunde optische Ableger der früheren Kutschenräder mit wenigen Speichen. Für die Daimler-Benz-Modelle gibt es in dieser Kategorie inzwischen zwei ausgeprägte Varianten von den Firmen AMG und Lorinser. Dabei symbolisiert die AMG-Felge den wuchtigen Renncharakter; die Lorinser-Felge ist eher eine elegante dreiteilige Felge mit glattflächigen Speichen.

Schließlich gibt es noch die optisch günstig wirkende Aerodynamikfelge im Stil des 16-Ventilers von Daimler-Benz oder glattflächigere Felgen von AMG, Lorinser, Schulz, Zender, etc., die häufig auch noch Anlehnung an das Design der Daimler-Benz-Originalfelgen besitzen.

Das Angebot an Felgen- und Reifenbreiten reicht von harmlosen 195/60-Größen auf 6,5 oder 7 Zoll-Felgen über 7 und 8 Zoll mit 205- und 225-Reifen. Bis zu diesen Dimensionen sind die Räder noch relativ problemlos im Radhaus unterzubringen. In jedem Fall ist bei Felgen, die breiter als 7 Zoll und Reifen, die größer als 205/50 sind darauf zu achten, daß die ausreichende Freigängigkeit in den Radkästen beim Einfedern und bei vollem Lenkeinschlag gegeben ist. Gegebenenfalls müssen die Radläufe umgebördelt oder die gesamten Kotflügel leicht ausgebaucht werden. Bei größeren Rädern sind unter allen Umständen Änderungen am Radhaus notwendig. Im Extremfall heißt dann die Reifendimension 225/50 R 15 oder 245/45 R 15 für die Vorderräder und 285/40 R 15 oder gar 345/35 R 15 für die Hinterräder, das Ganze unter mehr oder wenigeren »dicken Backen«, sprich Kotflügelverbreiterungen. Im Ernstfall wird so ein 190er um die »Hüfte« reichlich füllig und fast zwei Meter breit, legt also pro Seite gut zehn Zentimeter zu.

Derart extreme Radgrößen verlangen zwangsläufig nach einem verstärkten Fahrwerk mit höher belastbaren Stoßdämpfern und bei den größten Felgen-Reifen-Kombinationen auch nach einer verstärkten Radaufhängung. In den harmloseren Fällen geschieht dies durch Federbein- und Stoßdämpferabstützungen in horizontaler Richtung, damit sich deren Aufnahmeblöcke an der Karosserie nicht verbiegen können und dann zum Wegknicken der Stoßdämpfer führen. Es gibt aber auch die Möglichkeit, komplett neue Radaufhängungen – zum Beispiel von einem größeren Modell – einzubauen, die den erheblich gestiegenen Belastungen ausreichend gewachsen sind. In jedem Fall sollte man vor dem Entschluß, solche Räder, verbunden mit enormen Investitionen, aufs Auto zu stecken, bedenken, daß diese Umrüstungen bei allem optischen Genuß einige erhebliche Nachteile mit sich bringen.

Es darf nie übersehen werden, daß sich durch Breitreifen der Komfort stets vermindert. Es stellt sich hier also die Frage, ob dies durch die zumeist bessere Straßenlage aufgewogen wird. Außerdem ist die erheblich größere Aquaplaninggefahr zu beachten. Immerhin reduziert sich der für das Aufschwimmen entscheidende Anpreßdruck der Reifenaufstandsfläche auf der Fahrbahn ganz erheblich mit zunehmender Reifenbreite, und so kann es durchaus passieren, daß die dickbesohlten Objekte schon bei 80 km/h und relativ harmlosem Regen ins »Schwimmen« kommen. Dies ist vor allem auch beim Umsteigen auf ein solch breitbereiftes Exemplar zu beachten.

Ein weiterer Nachteil bezieht sich auf die reduzierte Höchstgeschwindigkeit und das höhere Gewicht der breiten Räder. Bei einem serienmäßigen Mercedes 190 E vermindert sich beispielsweise die Höchstgeschwindigkeit nach dem aufziehen von Vorder- und Hinterrädern mit 205- und 225er Reifen um 10 bis 12 km/h, bei 225/50 (vorn) und 285/40 (hinten) um etwa 20 bis 25 km/h. Die große Differenz ist bedingt durch den höheren Luftwiderstand in Folge des angewachsenen Fahrzeugquerschnitts durch Kotflügelverbreiterungen und Reifen. In solchen Fällen gibt es dann eben nur die Alternative: Showtuning um jeden Preis und ohne den Geschwindigkeitsfrust – etwas für Boulevard-Rider – oder aber dem Motor einige PS mehr einzuhauchen, um den Potenzschwund auszugleichen und zu verhindern, daß man von jedem serienmäßigen Golf GTI erbarmungslos »vernascht« wird.

Erheblich verschlechtert werden auch die Längsrillenempfindlichkeit, zum Beispiel bei Autobahnlängsfugen, und die Geradeauslaufeigenschaften bei extremen Radbreiten, da die vom Werk ausgeklügelte Aufhängungsgeometrie überhaupt nicht mehr stimmt und das Auto dazu neigt, jeder Bodenunebenheit nachzulaufen.

Störende Faktoren auf der Straße – wie beispielsweise Rillen, Wellen, Steine und Löcher – werden durch entsprechende Anordnung der Aufhängungselemente heute kaum mehr als Beeinflussung der Fahreigenschaften bei Serienautos bemerkt. Bei manchen Breitspur-Tuningautos fühlt man sich dagegen in alte Zeiten zurückversetzt, in denen permanent am Lenkrad gespielt werden mußte, um die Störungen, die von der Straße in die Lenkung übertragen wurden, auszugleichen. Das Ergebnis ist, insbesondere auf der Autobahn, bei höheren Geschwindigkeiten ein anstrengender und sehr ermüdender permanenter »Mini-Zick-Zack-Kurs« anstelle einer ruhigen Geradeausfahrt. Es ist daher nur zu empfehlen, vor dem Kauf eines teuren Breitspurfahrwerks, auf eine Probefahrt zu bestehen. Am besten wäre noch die Probefahrt mit einem Kundenfahrzeug, das nicht vom Tuner speziell »ausgetrimmt« worden ist. Und es schadet auch ganz bestimmt nicht, sich einmal mit dem Besitzer eines solchen Autos über seine Erfahrungen zu unterhalten. Sonst kann die Reue hinterher groß, teuer und lang anhaltend sein.

Beginnen wir das Mercedes 190er-Tuning alphabetisch, steht an erster Stelle die Firma ABC-Tuning. Die Bonner »Veredlertruppe« bietet eine ganze Palette von Umbaubeispielen für die Showleute unter den Fahrern des kleinen Mercedes. Es beginnt recht harmlos mit einem sogenannten Schmalprogramm, das jeweils Frontspoilerstoßstange, Seitenschweller und Heckschürzenstoßstange beinhaltet. Dazu kommt auf Wunsch noch eine Motorhaube aus GFK im SEC-Coupé-Stil und, ebenfalls aus GFK, eine Gepäckraumhaube mit einer ausgeprägten Abrißkante. Dieser Bausatz ist recht elegant und zurückhaltend gezeichnet, wobei das Ganze durch die Gepäckraumhaube einen besonderen Pfiff bekommt. Wer es gerne »geflügelt« mag, erhält statt dessen auch einen freistehenden Heckspoiler. Ergänzt wird dieses Programm für den dezenten Geschmack durch ein umfangreiches Angebot an Innenraumveredelung: Es reicht von exklusiven Hifi-Geräten über Holz, Leder, Bar etc. bis zu Video.

Für die etwas weniger zurückhaltenden Käufer gibt es die ABC-Breitversion des Mercedes 190 (W 201). Auch sie ist eher dezent gezeichnet, bis auf den etwas aufdringlichen Hüftschwung über den

△ ABC: Mercedes 190 (W 201) Schmalversion mit SEC-Haube   ▽ ABC: Mercedes 190 (W 201) Breitversion

Air Press: Mercedes 190 (W 201) mit SEC-Haube

Hinterrädern, der Ausgangspunkt für den Haubenaufsatz mit Flügel ist. Der Bausatz ist jedoch auch ohne das auffällige Teil erhältlich. Weitere ABC-Spezialitäten beziehen sich auf den Cabrio-Bau. Die Modelle hierzu sind jedoch im speziellen Kapitel »Cabrios auf Basis der 190er-Reihe« zu finden.

Die Firma Air Press, unter anderem bisher bekannt für verchromte Gestänge als Ausstellungsrampen, wagt sich jetzt auch auf das Parkett der Autoveredler und startet diesen Versuch mit dem Mercedes 190. Neben einem preisgünstigen Paket aus Frontspoiler, Heckschürze und Seitenschwellern gibt es auch die obligatorische Motorhaube im SEC-Look und eine hochgezogene neue Gepäckraumhaube mit einem seitlichen Rillenprofil, das in die hinteren Dachstreben übergeht.

AMG, der Vorreiter des Daimler-Benz-Tunings, hat sich natürlich auch dem kleinen Mercedes ausgiebig gewidmet. Das Ergebnis ist das wohl umfangreichste optisch-mechanische Programm überhaupt. Allerdings hält AMG nichts vom Cabrio-Bau und vom Turbolader-Tuning – zumindest bisher und in naher Zukunft. Dies könnte sich dann ändern, wenn Daimler-Benz selbst ab Werk den Turbolader einsetzt und sich ein seriöser Partner für den Cabrio-Bau findet. Bis dahin läuft auf diesen Schienen jedoch nichts.

Das AMG-Optikprogramm beginnt mit einer Schmalversion, bestehend aus Frontspoiler, Seitenschweller und Heckschürze sowie wahlweise einer an die Gepäckraumhaube angeschmiegten Spoilerlippe aus elastischem Material oder einem freistehenden Heckflügel auf der Haube.

Die breitere Version des AMG-Umbausatzes für den 190er ist trotz Breitenzuwachs in Höhe der Kotflügel eher zurückhaltender Natur. Dabei sind die vorderen Kotflügel komplett aus GFK; die hinteren waren bisher ebenfalls aus GFK und zum Auf-

AMG: Mercedes 190 (W 201) Schmalversion mit AMG-Felge

kleben auf die Originalkotflügel gedacht, werden aber jetzt als komplette Preßteile aus Blech hergestellt, was die Verarbeitungsprobleme enorm vermindert, die Qualität dafür wesentlich erhöht.

Bisher wurden Blechteile von Tunern nur für teure Einzelstücke eingesetzt, da sie entweder aufwendig von Hand gefertigt werden mußten, oder sehr teure Preßwerkzeuge erforderlich sind. Dennoch halten sich die Werkzeugkosten für die sehr flachen und relativ kleinflächigen hinteren Kotflügelverbreiterungen noch in akzeptablem Rahmen. Spoiler, Schweller und Hauben aus Blech wären dagegen mit Preßwerkzeugen für einen Tuner aus Kostengründen nicht herstellbar. Die Werkzeugpreise hierfür liegen pro Teil bei etwa einer halben bis einer Million Mark, oftmals noch darüber. Ganz davon abgesehen, daß ein Hersteller mit den geeigneten Pressen für den Einbau der Werkzeuge gefunden werden muß.

Für das Interieur hat AMG auch beim 190er ein reichhaltiges Angebot. Es gibt nahezu alles – von Edelholz bis zur Vollederausstattung.

Beim Motor bietet AMG ebenfalls ein breitgefächertes Programm – bis auf den bereits erwähnten Turbolader. Tuning für Pkw-Diesel wurde inzwischen jedoch wieder aus dem Programm genommen. Dafür geht es bereits beim 2,0 Liter-Benziner im Mercedes 190 los: 106 kW (145 PS) bei 5750/min und 192 Nm bei 4500/min lauten die Eckdaten; allemal gut für unter 10,0 Sekunden von 0 bis 100 km/h und knapp 210 km/h Höchstgeschwindigkeit.

Deutlich leistungsfähiger, aber entsprechend viel teurer, ist die von 2,0 auf 2,3 Liter Hubraum erweiterte Variante. Sie leistet 117 kW (160 PS), ebenfalls bei 5750/min mit 215 Nm bei 4750/min; dies beschleunigt den kleinen Daimler in unter 9,0 Sekunden von 0 auf 100 km/h und läßt ihn eine Spitzengeschwindigkeit um 215 km/h erreichen.

△ AMG: Mercedes 190 (W 201) Breitversion   ▽ AMG: Interieur

BBS: Mercedes 190 (W 201) mit BBS-Felgen

Für den 16-Ventiler beträgt das Leistungspotential bei unverändertem Hubraum von 2,3 Litern 151 kW (205 PS) bei 6500/min und 251 Nm bei 4500/min. Damit wird eine Beschleunigung von 0 auf 100 km/h in unter 7,5 Sekunden und eine Höchstgeschwindigkeit von 240 km/h erreicht.

Als Topmotorisierung baut AMG den neuen 3,2 Liter-Sechszylinder, eine hubraumerweiterte Version aus dem 300 E der Mittelklasse, in den kleinen Daimer-Benz ein. Die Leistung beträgt 180 kW (245 PS) und das maximale Drehmoment 324 Nm. Dieses Leistungspotential reicht für eine Beschleunigung von weniger als 7,0 Sekunden von 0 auf 100 km/h und einer Höchstgeschwindigkeit von nahezu 250 km/h.

AMG geht demnach weniger auf Experimente beim Motortuning ein, sondern setzt vielmehr auf Bewährtes. Firmenchef Hans-Werner Aufrecht betont diese Philosophie auch, denn seine Kunden sind Vielfahrer, denen es nicht unbedingt auf die absolute Maximalleistung ankommt. Gibt es dennoch extreme Wünsche, hält AMG für sie ein Großkaliber bereit: Einen V8-Motor mit vier Ventilen pro Zylinder und jede Menge Leistung. Allerdings gibt es diese Motoren erst ab der Mittelklasse-Limousine W 124; zum entsprechenden Preis versteht sich – Spitzentechnologie zu Spitzenpreisen.

Will sich jemand seinen 190er mit Aerodynamikteilen vom Felgenhersteller BBS verschönern, muß er nicht in die Kiste der extremen Preisregionen greifen. Das gut sortierte und abgestimmte Optikprogramm wird durch die bekannten ein- und dreiteiligen BBS-Gitterfelgen und das BBS-Fahrwerk ergänzt. Der Karosseriebausatz besteht aus einem Frontspoiler im typischen BBS-Rillendesign, dezenten Seitenschwellern und einer Heckschürze. Das Ganze wird ergänzt durch eine Spoilerlippe für die Original-Gepäckraumhaube.

Brabus: Mercedes 190 (W 201)

Erheblich umfangreichere Ausmaße zeigt das 190er-Umbauprogramm der Firma Brabus. Neben mehreren Karosserievarianten hält das Unternehmen ein großes Angebot zur Leistungssteigerung und zur Innenraumveredelung bereit. Das Äußere läßt sich bei der Firma Brabus durch Frontspoiler, Seitenschweller und Heckschürze verändern. Dazu gibt es auf Wunsch eine Gepäckraumhaube mit Abrißkante sowie eine Motorhaube im SEC-Stil. Für den 16-Ventiler ist ein eigenständiger Frontspoiler erhältlich.

Im Bereich des Motortunings sind bei Brabus die Leistungsstufen breitgefächert: Dies reicht vom konventionellen mechanischen Leistungsplus für die 2,0 Liter-Maschine bis hin zum leistungsgesteigerten V8-Motor aus der S-Klasse für die kleine Daimer-Benz-Baureihe. Die 2,0 Liter-Variante soll 110 kW (150 PS) bei 5500/min leisten und dabei ein maximales Drehmoment von 195 Nm bei 4700/min entwickeln. Das reicht für eine Spitzengeschwindigkeit von knapp 210 km/h und eine Beschleunigung von 0 auf 100 km/h etwa 9,0 Sekunden. Wird das 2,0 Liter-Aggregat zusätzlich mit einem Turbolader versehen, dann wird bereits eine Leistung von 132 kW (180 PS) bei 5300/min erreicht, und das maximale Drehmoment erhöht sich auf 235 Nm bei 3450/min. Diese Daten dürften dann für eine Beschleunigung von 0 auf 100 km/h von unter 8,0 Sekunden und eine Spitzengeschwindigkeit von etwa 230 km/h sorgen.

Ziemlich korpulent erscheinen die Brabus-190er mit V8-Antrieb aus der S-Klasse. Die beiden Varianten – eine völlig serienmäßige, eine leicht getunte – bieten 170 kW (231 PS) beziehungsweise 184 kW (250 PS) bei 4750/min und jeweils einem maximalen Drehmoment von etwa 405 Nm bei 3000/min. Daß hier Leistung im Überfluß geboten wird und dies mit der Gelassenheit einer V8-

Car Design Schacht: Mercedes 190 (W 201)

Maschine, ist mehr als reizvoll. Aber auch hier ist im nachhinein eine bittere Pille zu schlucken: Der schwere Motor führt zur Kopflastigkeit des kleinen Mercedes 190.

Billig kann ein solcher Umbau – sofern er der Seriösität unterliegt – natürlich nicht sein. Man muß sich dabei allein schon die Aggregatekosten vorstellen. Dazu kommen massive Änderungen an Fahrwerk, Bodengruppe und Kraftübertragung. Das alles hat seinen nicht gerade geringen Preis. Interessenten fragen am besten unter Angabe der spezifischen Wünsche an, denn hier heißt es wieder einmal: »Preis auf Anfrage«.

Car-Design Schacht ist ein Münchner Veredler, der sich ebenfalls auf Mercedes-Modelle spezialisiert hat. Neben einem bullig aussehenden Karosserieteileprogramm – Frontspoiler, Seitenschweller, Heckschürze, SEC-Haube – bietet das Unternehmen Holzverkleidung und Sonderausstattungen für den Innenraum an. Im Auftrag des Kunden können außerdem Fahrwerke und leistungsgesteigerte Motoren eingebaut werden.

Von besonderem Background ist die Firma Carlsson. Der schwedische Ralleyfahrer Ingvar Carlsson hat sich – man höre und staune – mit einem der ehemaligen BMW-Tuning-Päpste zusammengetan: mit Andreas Hartge. Die Erfahrungen von Hartge wurden in dem ersten Projekt verwirklicht. Das Ergebnis war auf Anhieb dreifach sichtbar:

- **Die Carlsson-Felge, die nahezu identisch ist mit dem Hartge-Rad für BMW**
- **Der gekonnt gestylte Karosseriebausatz**
- **Die erste Motorversion mit vergrößertem Hubraum (aus 2,0 Litern wurden 2,4 Liter)**

Der Spoilerset ist sehr glattflächig und zurückhaltend konzipiert. Dies wird besonders in der breiten Version mit zusätzlichen Kotflügelverbreiterungen

Carlsson: Mercedes 190 (W 201) mit Carlsson-Felgen

sichtbar. Die Kotflügelverbreiterungen sind sehr elegant als Radlaufverbreiterungen um den Radausschnitt herum konzentriert und wirken so beim 190er optisch recht dynamisch, insbesondere nach der Montage einer dem SEC-Coupé nachempfundenen Motorhaube.

Nach Carlssons eigenen Worten liegt jedoch der Schwerpunkt beim mechanischen Tuning. So will Carlsson seine reiche Rennerfahrung in die Entwicklung von Fahrwerk und Motor umsetzen. Das Ergebnis kann sich denn auch sehen lassen: Ein durchzugskräftiger 2,4 Liter-Motor mit 126 kW (180 PS) bei 6000/min, der sein maximales Drehmoment von 228 Nm bei 4000/min erreicht. Die Spitze dieses umgebauten 190er liegt bei 220 km/h und die Beschleunigung von 0 auf 100 km/h bei etwas unter 8,0 Sekunden.

Leistungsmäßig darüber angesiedelt sind natürlich die V8-Aggregate aus der S-Klasse, die in den kleinen 190er entweder in serienmäßigem Zustand oder leistungsgesteigert eingebaut werden. Insbesondere der getunte V8-Motor mit 200 kW (272 PS)

D+W: Mercedes 190 (W 201) Bausatz II

bei 5650/min und einem maximalen Drehmoment von 420 Nm bei 3100/min verspricht Leistung im Überfluß. Satte 250 km/h Höchstgeschwindigkeit und etwas über 6,0 Sekunden von 0 bis 100 km/h sind mit Sicherheit drin. Das Problem liegt hier, wie bei den anderen V8-Transplantaten auch, in der Kopflastigkeit des kleinen Mercedes, hervorgerufen durch die Schwergewichtigkeit des V8-Motorblocks.

Dieses Problem schleppt das Einstiegsmodell von Carlssons Motortuning nicht mit sich herum: Hier leistet ein schlichtes 2,0 Liter-Aggregat 109 kW (148 PS) bei 6000/min und erreicht ein maximales Drehmoment von 188 Nm bei 4600/min. Selbst mit diesem Motor ist bei relativ geringem Kapitaleinsatz sicher ein ganz flottes Fahren möglich. So wird eine Beschleunigung von 0 auf 100 km/h in unter 10,0 Sekunden und eine Höchstgeschwindigkeit mit knapp 210 km/h zu erwarten sein.

D+W, Deutschlands großer Autozubehörhandel, läßt es bei seinem eigenständig aufgebauten Tuningprogramm für den kleinen Mercedes beim optischen Veredeln von Karosserie und Innenraum bewenden. Für den Mercedes 190 gibt es gleich mehrere Karosseriebausätze. Alle Teile wie Frontspoiler, Seitenschweller, Heckschürze und Heckspoiler, liefert das Unternehmen in unterschiedlichen Varianten. Auf Wunsch kann ein Grill mit breiten Querstegen aus GFK montiert werden, und statt der Original-Breitbandscheinwerfer lassen sich Doppel-Rundscheinwerfer einbauen. Dies ist eine Alternative zur Kombination rechteckige Scheinwerfer und SEC-Grill für den, der es mag. Aufmerksamkeit ist damit sicher zu erregen, denn wer erwartet schon einen Mercedes der aktuellen Baureihen mit Doppel-Rundscheinwerfern?

Für das Mercedes-Programm bietet D+W außerdem eine relativ glattflächige eigene Felge an.

Daimler-Benz: Mercedes 190 2.3–16 (W 201)

Was den Tunern gut ist, kann Daimler-Benz auch nicht unbedingt schaden. Sprach's – und entwickelte den Optikbausatz für den 190er-16-Ventiler.

Inzwischen gibt es diesen Kunststoffteilesatz über die Daimler-Benz-Händlerorganisation für das gesamte Programm der kleinen Mercedes-Baureihe zu kaufen. So läßt sich beispielsweise jeder 190 Diesel äußerlich wie ein 16-Ventiler herrichten.

Der optische Reiz und die Selbständigkeit des Mercedes 190 E 2.3–16 sind damit natürlich untergraben. Ob dies durch das zusätzliche Geschäft mit den Kunststoffteilen kompensiert wird, ist die Frage. Jedenfalls läßt sich der inzwischen fast schon klassische, hinsichtlich seines Aussehens vieldiskutierte, glattflächige Karosseriebausatz mit dem auffälligen Flügel problemlos nachträglich an alle 190er-Modelle anbringen. Daß über ihn so heiß diskutiert wurde, ist ein gutes Zeichen; daß er sauber und dezent gezeichnet ist und technisch begründbare Formen hat, steht außer Diskussion; und daß der Flügel mit ihm salonfähig gemacht wurde, ist sicher.

Hätte ein Veredler diesen Bausatz geschaffen, wäre er in die Rubrik »langweilig bis zurückhaltend-dezent« eingestuft worden; weil ihn aber das Werk höchstselbst auf den Markt gebracht hat, fällt er bei vielen in die Kategorie »auffällig bis aufdringlich« – eine Art Relativitätstheorie des Geschmacks.

Unter den Tunerangeboten fällt das Durchatelet-Programm sicher in die Kategorie »unaufdringlich«. Der belgische Veredler bietet zwei Varianten für den kleinen Mercedes an: Eine mit und eine ohne Radlaufverbreiterungen. Sie unterscheiden sich im ganzen Stil erheblich voneinander. Die schmale Version sieht recht bieder aus, während die breite Ausführung mit ihren aufgesetzten Radlaufverbreiterungen und einer ausgeprägten, vom Frontspoiler über die Seitenschweller in die Heckschürze übergehenden,

△ Duchatelet: Mercedes 190 (W 201)   ▽ Duchatelet: Interieur

HF: Mercedes 190 (W 201) mit SEC-Haube

umlaufenden tiefen Kanten den 190er sehr kraftvoll erscheinen läßt. Ein recht eleganter, flacher und freistehender Flügel ergänzt das Spoilerpaket. Duchatelet beschäftigt sich auch mit dem Innenraum des 190er in bewährter Manier. In dezentem, klassischem Stil werden hier edle Materialien wie beispielsweise Holz, Velours und Leder zu einem ansprechenden Ganzen kombiniert. Die Duchatelet-Verantwortlichen legen im Innenraum ohnehin weniger Wert auf die Betonung von Schnickschnack und Technikspielereien, von Spinnereien ganz zu schweigen.

Die niederbayerische Firma ES verpaßte dem »Baby-Benz« einen sehr bulligen Maßanzug. Er ist nichts für zurückhaltende Naturen, die nicht auffallen wollen. Allein schon der mächtige, freistehende Heckflügel zieht alle Blicke auf sich und sieht – je nach persönlicher Einstellung des Betrachters – sehr nach Rennpiste oder nach »halbstarker« Extravaganz aus. Die an sich sauber gezeichneten glattflächigen Teile erinnern im Stil etwas an den Werks-16-Ventiler-Bausatz, bieten jedoch durch ausgeprägte Lippen am Frontspoiler und an der Heckschürze einen erheblichen Schuß mehr Sportlichkeit fürs Auge. Im Unterbewußtsein drängt sich der Eindruck von technischer Funktionalität durch klar hervortretende Umrisse, Trennkanten, Lüftungs- und Wagenheberöffnungen und einen engen Ausschnitt für das Auspuffrohrende auf.

Konträr zu ES ist die Optik der HF-Teile. Die HF-Optik konzentriert sich im wesentlichen auf ein vom Frontspoiler über seitlich aufgesetzte Türblenden laufendes Rillenband. Das Ganze wird ergänzt durch eine Heckschürze und wahlweise eine Motorhaube im SEC-Stil.

Der allseits bekannte Massenhersteller Kamei bietet für den W 201 ebenfalls einen »X 1« genannten Spoilersatz an. Er beinhaltet den kleineren

Kamei: Mercedes 190 (W 201)

Umfang mit Frontspoiler, Seitenschweller, Heckschürze und einen auf die Gepäckraumhaube aufgesetzten Gummispoiler.

Mit das umfangreichste Karosserieteileprogramm für alle 190er-Modelle bietet die Firma Lorinser. Aus dem reichhaltigen Repertoire sind die schmale sowie die breite Version im Bild dargestellt. Dazwischen gibt es aber noch einige, mit den beiden Versionen optisch verwandte Abarten. So liefert das Unternehmen beispielsweise Frontspoiler zum Befestigen unter die Originalbugschürze oder als Kompletteil einschließlich Bugschürze. Dasselbe gilt für die Heckschürze, die es entweder als Unterschraubteil oder als komplette Heckschürzenstoßstange gibt.

Auch die Seitenschweller sind den jeweiligen Lorinser-Kotflügelvarianten angepaßt. Je nachdem, ob die Kotflügel beziehungsweise Radläufe verbreitert werden, sind auch die Seitenschweller mehr oder weniger stark herausgezogen. Dazu gibt es von Lorinser eine neue Motorhaube im SEC-Look, jedoch nur etwa in der Breite des Originalgrills beim 190er, so daß nicht, wie bei den breiten SEC-Hauben-Varianten, die Originalnebelscheinwerfer verdeckt werden. Allerdings geht hierdurch auch ein gehöriger Teil der Breitenwirkung der SEC-Haube verloren. Dabei spielt natürlich immer die subjektive Empfindung eine entscheidende Rolle bei der Frage, ob man die Verknüpfung der breiten SEC-Haube mit dem relativ schmalen kleinen Mercedes überhaupt als gelungen ansieht.

Eine absolute Spezialität von Lorinser ist jedoch die Lorinser-Gepäckraumhaube. Das Unternehmen hat dieses Stylingelement populär gemacht und somit für einen wahren Gepäckraumhauben-Veredlerboom gesorgt. Inzwischen gibt es neben der einfachen Lorinser-Abrißkante, wie sie im Bild zu sehen ist, eine ganze Anzahl an Varianten, die mehr

Lorinser: Mercedes 190 (W 201) Schmalversion

oder weniger hoch, mehr oder weniger breit und bis in den Kotflügelbereich hineingezogen oder nur auf den Gepäckraumdeckel begrenzt sind. Alles in allem ist dies natürlich auch eine Kostenfrage, da das Aufsetzen der Lippen mit ausgedehnten Schweiß- beziehungsweise Löt-, Spachtel- und Lackierarbeiten verbunden ist.

Auch für den Innenraum des kleinen Mercedes hat Lorinser allerhand an Edlem zu bieten: Holz, Leder, HiFi, Video, Bar, Telefon, etc. – und wer möchte, kann seinen Mercedes 190 bei Lorinser auch tieferlegen lassen.

Für die Gesundheit bietet das Unternehmen ein sogenanntes Airclean-System an, ein Filtersystem zur Reinigung der Außenluft zu Zeitpunkten hoher Schadstoffanteile wie beispielsweise im Stau, vor der Ampel oder im Tunnel.

Die Firma Lotec des Rennfahrers Lotterschmid, zeigt ebenfalls eine schmale und eine aufwendige, breite Version des Mercedes 190. Bei der schmalen Ausführung handelt es sich um Frontspoiler, Seitenschweller und Heckschürze in recht zurückhaltendem Stil. Wahlweise gibt es eine neue Motorhaube entweder im SEC-Design oder aber – und das ist die Besonderheit – eine glattflächigere, an das Original erinnernde Haube. Der Lotec-Kühlergrill ist, im Gegensatz zur Serienausführung, in die Haubenform übergangslos integriert. Dies hinterläßt einen optisch modernen, glatten Eindruck und erlaubt gleichzeitig, das Originalerscheinungsbild des 190er trotzdem beizubehalten.

Bei der Lotec-Breitversion, die vorwiegend für den 16-Ventiler als Ausgangsbasis gedacht ist, dominiert der optische Eindruck der Radlaufverbreiterungen, die nahtlos in die Seitenschweller übergehen. Diese, nach außen verbreiterten, Radhäuser ermöglichen die Unterbringung von Rädern der Dimension 245/45 VR 16 auf 9 Zoll-Felgen. Der

Lorinser: Mercedes 190 (W 201) Breitversion

Eindruck, den diese Optik hinterläßt, ist ziemlich sportiv. Dort erweist sich dann auch die höchste Leistungsstufe aus Lotecs PS-Küche als Äquivalent.

Doch beginnen wir bei den niedrigeren PS-Zahlen. Für Daimlers kleine Diesel gibt es prinzipiell Turboanlagen: für den 2,0 Liter-Diesel mit 66 kW (90 PS) bei 4500/min, für den 2,5 Liter mit 84 kW (115 PS) bei ebenfalls 4500/min. Im Exportgeschäft lassen sich jeweils noch 7 kW (10 PS) mehr verwirklichen.

Bei den 2,0 Liter-Benzinmotoren ist eine Turbovariante mit 132 kW (180 PS) bei 5100/min erhältlich. Das reicht bereits für sehr flotte Fahrleistungen in der Größenordnung des Werks-16-Ventilers, also unter 8,0 Sekunden von 0 auf 100 km/h Beschleunigung und 225 bis 230 km/h Höchstgeschwindigkeit.

Daneben gibt es eine von 2,0 auf 2,3 Liter Hubraum vergrößerte Variante mit 110 kW (149 PS), die für eine Beschleunigung unter 10,0 Sek. von 0 auf 100 km/h und für eine Spitze von 210 km/h gut ist.

Top-Version von Lotec ist ein 2,3 Liter-16-Ventiler mit Turbolader und angegebenen 220 kW (300 PS) bei 6000/min und einem starken Drehmoment von 380 Nm bei 4500/min. Bereits bei einer Drehzahl von 2000/min soll dieser Motor 30 Prozent mehr Leistung als der Werks-Saugmotor erreichen. Grund hierfür ist die mit 9,0:1 enorm hohe Verdichtung für einen Turbomotor. Ermöglicht wird dies, laut Hersteller, durch eine freiprogrammierbare Kennfeldzündung mit Mikroprozessorsteuerung, die sich ständig echte Ist-Meßwerte der Motorbelastung über mehrere Meßgeber holt und daraus Einspritzmenge und Zündzeitpunkt für jeden einzelnen Zylinder bestimmt. Werden diese Daten tatsächlich erreicht, so müßte das Auto allemal unter 6,0 Sekunden von 0 auf 100 km/h beschleunigen

Lotec: Mercedes 190 (W 201) Breitversion

und eine Top-Speed von über 260 km/h erreichen; Fahrleistungen also wie mit dem dicken V8-Antrieb aus der S-Klasse, aber ohne das nachteilige Gewicht auf der Vorderachse.

Da es dabei schon rein akustisch unvergleichlich hektischer beim 2,3 Liter-16-Ventiler-Turbo als beim 5,0 oder 5,6 Liter-V8-Motor zugeht, werden sich allein beim Gedanken an die Alternative die Geister scheiden.

Leistung satt gibt es da wie dort – vielleicht schon zuviel für ein Auto dieser Größenordnung im öffentlichen Straßenverkehr, denn für dieses Leistungspotential ist schon eine gehörige Portion Selbstdisziplin gepaart mit Fahrkönnen notwendig. Ein unerfahrener Autofahrer, der sich dazu womöglich noch leicht provozieren läßt, wenn ihm Ferrari, Porsche und Co. begegnen, wird die Grenzen seines Leistungsvermögens schnell überschreiten, und der Ausflug in die Botanik ist vorprogrammiert.

Dann hilft nur noch Glück, um Schlimmeres zu vermeiden.

MAE, geleitet von Manuela Müller in der »Stern-Stadt« Stuttgart, hat einen ganz eigenen Stil entwickelt, um den 190er potenter – tief und breit – aussehen zu lassen. Zunächst einmal werden ihm ordentliche Räder mit Reifen (vorn 225/45 VR 16 auf 9 Zoll-Felgen, hinten 245/45 VR 16 auf 11 Zoll-Felgen) verpaßt. Damit das Räderwerk ausreichend Platz findet, müssen natürlich die Kotflügel verbreitert werden. MAE tut dies in einem ganz eigenen Stil: Von der Originalgürtellinie aus gehen die Seitenteile relativ schräg und gleichmäßig bis zur Oberkante des Radlaufes nach außen. Daran setzen zusätzlich kleine Radlaufabsätze an. Es entsteht so ein ungewöhnlich bauchiges Aussehen, eine Optik, fernab vom altbekannten Schneepflug- und Dachrinnen-Styling für Frontspoiler und Seitenschweller.

MAE: Mercedes 190 (W 201) Breitversion mit Dachspoiler

Frontspoiler und Heckschürze entsprechen ebenfalls weitgehend den Originalteilen, sind jedoch jeweils wegen der Kotflügelverbreiterungen breiter nach außen gezogen. Die Seitenschweller fallen optisch überhaupt nicht auf, da sie wie die Originale, rund und glatt an die Seitenteile und die Türeinstiege anschließen. Trotzdem entsteht eine für das Auge sehr gewünschte Wespentaille mit breiter Karosserie auf Höhe der Achsen und schmaler Originalbreite auf Höhe der Türen.

Ergänzt wird das harmonische Programm durch eine unauffällige Motorhaube im Stil des Originales, die jedoch flacher und breiter ist, so daß von vorn der Gesamteindruck eines S-Klasse-Mercedes entsteht.

Einziges sehr auffälliges und gewöhnungsbedürftiges Bauteil ist ein Dachspoiler, der freistehend auf dem Dach oberhalb der Heckscheibe montiert wird. Abgesehen vom zweifelhaften Nutzen eines solchen Teiles und der problematischen Optik, ist es natürlich schon eine Frage von Vernunft und Begeisterung, in das Autodach eine ganze Anzahl an Löchern zur Befestigung eines solchen Apparates zu bohren. Denn wenn sich später ein möglicher potentieller Kaufinteressent am riesigen Dachflügel stört, ist kaum mehr etwas zu reparieren, es sei denn mit enormem Aufwand, der in keinem Verhältnis zum Preis und Nutzen des Dachflügels steht.

Davon abgesehen ist der MAE-190er eine rundum gelungene Sache mit eigenständiger Optik, die sich klar und deutlich von allen anderen unterscheidet. Allerdings ist der Umbau, den bisher nur die Firma MAE selbst durchführt, auch mit deftigen Kosten verbunden. Interessenten sollten vorher mit der Firma Kontakt aufnehmen, denn auch in diesem Fall steht – wie bei vielen anderen – im Firmenprospekt: »Preis auf Anfrage«.

Schulz: Mercedes 190 (W 201)

Klar definiert und in der normalen Preis- und Optikregion angesiedelt, sind die Karosserieteile der Firma MTS, die ebenfalls im Großraum Stuttgart ihren Sitz hat. Der mit einigen pfiffigen, optischen Details ausgestattete MTS-Bausatz besteht aus Frontspoiler, Seitenschweller und Heckschürze. Zu den Seitenschwellern gehören außerdem Radlaufverbreiterungen, die auf die Kotflügel aufgesetzt werden, und ein Heckspoiler, der sich flach an die Gepäckraumhaube anschmiegt.

Bei MTS läßt sich, wie bei nahezu allen Daimler-Benz-Tunern, auch das Fahrwerk tieferlegen und ein anderer Rädersatz aufziehen.

Koenig Specials in München und die altbekannte, alteingesessene Tuning-Werkstatt des VW-Spezialisten Oettinger betreiben – bisher zumindest – nur Motortuning beim 190er.

Während Oettinger sein bewährtes Leistungssteigerungsprinzip über Hubraumerhöhung verfolgt, bläst Koenig Specials Leistung über den Turbolader ein. Oettinger bietet dabei zwei Leistungsvarianten an: Einmal den von 2,0 auf 2,3 Liter vergrößerten Zweiventiler mit 106 kW (145 PS) bei 5000/min und einem maximalen Drehmoment von 215 Nm bei 3500/min sowie den von 2,3 auf 2,6 Liter vergrößerten Vierventiler mit 155 kW (211 PS) bei 5700/min und einem höchsten Drehmoment von 286 Nm bei 4300/min. Der Zweiventiler ist knapp 210 km/h schnell und in unter 10,0 Sekunden von 0 auf 100 km/h; der Vierventiler schafft die Beschleunigung in etwa 7,0 Sekunden und erreicht eine Spitzengeschwindigkeit von 240 km/h.

Bei Koenig Specials werden dem 16-Ventiler mittels Turbolader nochmals »Beine« gemacht, und zwar im besten Fall mit 191 kW (260 PS). Hiermit dürfte die 100 km/h-Marke aus dem Stand in etwas über 6,0 Sekunden erreicht werden. Die Höchstgeschwindigkeit soll bei 250 km/h angesiedelt sein.

Die in der Nähe von Mönchengladbach ansässige Firma Schulz betätigte sich als Vorreiter des extremen 190er-Tunings. Firmenboß Erich Schulz war der erste, der den 5,0 Liter-V8-Motor aus der S-Klasse in den kleinen Mercedes 190 verpflanzte. Schulz war auch der erste, der ein Vollcabrio auf Basis des 190er herstellte und Schulz ist bis heute der einzige, der ein 190er-Coupé baut.

Beim optischen Tuning ging Schulz eher konventionell vor. Alles ist tief, breit, ordentlich gerundet und ausreichend auffällig. Daß dies dem 190er ganz gut steht, ist insbesondere beim weißen Schulz-Cabrio zu sehen, das im nachfolgenden Cabrio-Kapitel abgebildet ist.

Bei Schulz gibt es den 190er mit und ohne Radlaufverbreiterungen, wobei die letztgenannte Version ungleich aufwendiger und teurer ist, da die Verbreiterung an der Karosserie angenietet und der Übergang verspachtelt wird. Anschließend muß, zumindest bis zur Gürtellinie, komplett neu lackiert werden.

Beim Motor hat Erich Schulz von vornherein auf »Herzverpflanzung« gesetzt. Es werden die Sechs- oder Achtzylinder aus der S-Klasse implantiert. Niedrigste Leistungsstufe ist der Sechszylinder-Reihenmotor mit 2,8 Litern Hubraum und einer Leistung von 136 kW (185 PS) bei 5800/min. Das maximale Drehmoment von 240 Nm wird bei 4500/min erreicht. Zu erwarten sind Fahrleistungen von 0 auf 100 km/h in zirka 7,5 Sekunden sowie eine Spitzengeschwindigkeit von knapp 230 km/h.

Die mittlere Leistungsstufe präsentiert sich dann schon in Form des V8-Motors aus dem 380 SE mit 150 kW (204 PS) bei 5250/min und einem ansehnlichen Drehmoment von 315 Nm bei nur 3250/min. Hier sollte eine Höchstgeschwindigkeit von 235 km/h und eine Beschleunigung von 0 auf 100 km/h in unter 7,0 Sekunden durchaus drin sein. Gratis dazu gibt es das satte Blubbern des V8-Motors und das kräftige Ziehen des schweren »Brockens« an der Vorderachse.

Krönung des 190er-Umbaues ist die Verwendung des serienmäßigen 5,0 Liter-V8-Aggregates. Schulz war der Wegbereiter dieser Spezies mit 170 kW (231 PS) bei 4750/min und 405 Nm bei 3000/min. Ein solches Gefährt erreicht eine Beschleunigung von 0 auf 100 km/h locker in unter 7,0 Sekunden und schwingt sich zu einer maximalen Geschwindigkeit von durchaus 240 km/h auf.

Taifun ist der bekannteste Hersteller von Sonderkühlergrills und ist insbesondere durch die vom Audi Quattro entlehnten Doppel-Rechteckscheinwerfer-Grills für die alte BMW-Dreierreihe bekannt geworden. Für den 190er gibt es von Taifun Doppel-Rundscheinwerfereinsätze statt der Original-Breitbandscheinwerfer, und eine glattflächige Kühlerattrappe, anstelle des Mercedes-Chromgrills.

Turbo-Motors beschäftigt sich mit der Auflagerung mittels Turbolader. Das weitgefächerte Programm beginnt beim kleinsten Diesel mit 2,0 Litern Hubraum, reicht weiter über die kleinen Benziner mit 118 beziehungsweise 132 kW (160 oder 180 PS) aus 2,0 Litern Hubraum und endet bei der S-Klasse im Bi-Turbo mit 220 kW (300 PS).

Von der Firma Vestatec gibt es eine Ganze Anzahl Spoilersätze für japanische und deutsche Autos. So konnte dieser Hersteller natürlich auch nicht am Mercedes 190 vorbeigehen. Inzwischen gibt es für ihn gleich zwei Varianten. Die eine ist konventionell und besteht aus Frontspoiler, Seitenschweller und Heckschürze. Dazu gibt es eine Vestatec-Kühlerattrappe und einen freistehenden Heckflügel. Die zweite Variante war früher auf dem Markt und ist gekennzeichnet durch ein auffälliges Rillendesign, das sich vom Frontspoiler über aufgesetzte Türblenden bis hin zur Heckschürze zieht. Als Ergänzung erhält der Kunde Radlaufverbreiterungen und einen Heckspoiler auf die Original-Gepäckraumhaube.

Ein ganzes Spoiler-Ensemble für den 190er bietet das bekannte Zender-Programm. Nicht weniger als drei komplett unterschiedliche Sätze für den kleinen Mercedes sind dort zu haben. Es beginnt mit der schmalen Version. Hier werden Frontspoiler

△ Vestatec: Mercedes 190 (W 201) mit SEC-Haube

▽ Zender: Mercedes 190 (W 201) Schmalversion

Zender: Mercedes 190 (W 201) mit Radlaufverbreiterungen

und Heckschürze unter die Originalstoßstangen geschraubt, dazu gibt es einen dezenten Seitenschwellersatz. Ganz und gar nicht dezent dagegen ist der dazugehörige Heckflügel, der sich auf den hinteren Kotflügeln bis fast an die hinteren Dachholme nach vorn zieht.

Zenders Stufe zwei beinhaltet Frontspoiler- und Heckschürzen-Stoßstangen und breite Seitenschweller, die in sauber geschwungene Radlaufverbreiterungen übergehen. Das Ganze läßt sich mit eigenen, dazu gut passenden Zender-Felgen kombinieren.

Mächtig in die Breite geht die Zender Breitversion mit langgezogenen Kotflügelverbreiterungen anstelle einfacher Radlaufverbreiterungen. Entsprechend ist der kraftvoll-bullige Eindruck, den diese Version hinterläßt.

Der Überblick über das 190er-Tuning-Programm der Veredler zeigt insgesamt eine noch nie dagewesene Vielfalt. Noch bei keinem anderen Auto gab es ein solch weitgespanntes Feld an optischen und mechanischen Nachrüstungsmöglichkeiten wie beim kleinen Mercedes.

Von dezent bis extrem auffällig, von elegant bis bullig, von konservativ bis progressiv – alles ist in der Optik vertreten. Es dürfte wohl kaum jemanden geben, dessen Geschmack nicht mit irgendeinem der Spoilerprogramme getroffen wird.

Auch der Innenraumveredlung sind nahezu keine Grenzen gesetzt, außer vielleicht denen des Geldbeutels.

Dasselbe gilt für das Motor- und Fahrwerkstuning. Reifen von 195/50 VR 15 auf 6,5 Zoll-Felgen bis 345/35 VR 15 auf 13 Zoll-Felgen sind der Ausdruck eines Fahrwerksspiels ohne Grenzen und teilweise auch ohne vernünftige Selbstbeschränkung. Dies bezieht sich auch auf den Motor: 2,0 Liter-Turbodiesel mit 66 kW (90 PS) sind die unter-

Zender: Mercedes 190 (W 201) Breitversion

ste, 2,3 Liter-16-Ventiler-Turbomotor mit 220 kW (300 PS) und 5,0 Liter-V8-Maschinen aus der S-Klasse mit aufgemotzten 200 kW (272 PS) die oberste Grenze. Sicher werden sich aber einige Veredler nicht zurückhalten, den neuen V8-Motor mit 5,6 Litern Hubraum und serienmäßigen 200 kW (272 PS) in den kleinen Mercedes einzupflanzen.

Schraubt man dann noch vier Ventilköpfe á la AMG oder ein bis zwei Turbolader oder einen mechanischen Kompressor auf den 5,6 Liter-Antrieb, dann sind 294 kW (400 PS) in greifbarer Nähe. Was dann mit dem 190er geschieht, ist kaum auszudenken. Rein rechnerisch wird ein solches Auto an der 300 km/h-Schallmauer nippen und sie bei etwas ausgefeilter Aerodynamik im Stile des Werksspoilersatzes sogar überschreiten.

Damit würde der »Baby-Benz« an den Thronen von Supersportwagen vom Schlage eines Ferrari GTO, Lamborghini Countach Quattro Valvole und Porsche 959 rütteln. Ist das nicht verrückt? – Verrückt schon, aber auch realistisch!

ABC: Cabrio auf Mercedes 190-Basis (W 201) mit Spoiler- und Felgenprogramm

Cabrios auf Mercedes 190-Basis

Neben dem üblichen Anbau von Karosserie-Teilen wie Frontspoiler, Seitenschweller, geänderter Motorhaube, Heckflügel etc., gibt es, ganz nach dem Vorbild der S-Klasse, auch beim 190er die Spezies der nachträglich kupierten Cabriolets.

Das wohl umfangreichste Programm an Vollcabrios bietet die Firma ABC mit einem zweisitzigen, zweitürigen Roadster, einem viersitzigen, zweitürigen Cabrio und einer viersitzigen, viertürigen Variante. Das zweitürige Cabriolet gibt es außerdem wahlweise in breiter Ausführung mit Reifen der Größe 285/40 auf der Hinterachse. Alle »Frischluft-Versionen« lassen sich zudem mit den ABC-eigenen Spoilerteilen versehen. Selbst die SEC-Motorhaube sowie die Gepäckraumhaube mit Luftabrißkante stehen hier auf Wunsch im Angebot. ABC bietet die Cabrios auf 190er-Basis wahlweise mit manueller oder mit elektrohydraulischer Dachbetätigung an – letztere gegen saftigen Aufpreis, versteht sich. Das heruntergeklappte Verdeck wird entweder mit einer Lederabdeckung oder mit einer festen Haube verschlossen.

Ein weiterer Cabrio-Produzent ist Erich Schulz. Bei ihm steht ein 2+2sitziges, zweitüriges Vollcabrio im Programm. Andere Varianten gibt es in dem Standardangebot nicht – was nicht einmal so unvernünftig ist. Das elektrohydraulisch betätigte Verdeck wird im offenen Zustand mit einer festen Abdeckung versehen. Außerdem sind die Fenster voll versenkbar. Die Schulz-Cabrios können mit allen Accessoires aus dem umfangreichen Karosserieteile-Programm versehen werden. Schließlich bietet das Unternehmen sogar die Sechszylinder- oder Achtzylinder-Motoren in der Cabrio-Umbaureihe an. Ein solches Auto ist sicher ein Fahrspaß ganz exquisiter Art, liegt jedoch auch mit einem

△ ABC: Cabrio auf Mercedes 190-Basis (W 201) Breitversion mit SEC-Haube   ▽ Schulz: Cabrio auf Mercedes 190-Basis (W 201)

Catori: Klappverdeck-Version auf Mercedes 190-Basis (W 201)

Preis von über 100 000 Mark jenseits von Gut und Böse. Allein der Cabrio-Umbau schlägt mit gut 40 000 Mark zu Buche, einschließlich einer Komplettlackierung. Doch über mögliche Kosten erkundigt man sich am besten bei den Herstellern selbst, denn Daimler-Fahren mit Vollkontakt zur Natur ist nicht ganz billig – auch nicht beim kleinen Mercedes.

Weniger aufwendig und teuer sind die Semi-Cabrios von Catori und SKV. Bei diesen Cabrio-Limousinen bleiben die Seitenteile mit kompletter Tür, Türrahmen sowie einem Dachsteg über den Türen vollständig erhalten. Über diese Längsbügel ist ein Stoffverdeck gespannt, das sich ganz herunterklappen läßt. Das Dachteil über den Vordersitzen kann getrennt, beispielsweise wie ein Schiebedach, hochgestellt oder auch komplett herausgenommen werden. Dies bietet mehrere Variationsmöglichkeiten bei der Frischluftzufuhr und hat obendrein den Vorteil einer Quasi-Blechdach-Limousine. Doch will das rechte Vollcabrio-Gefühl – ob nun bezüglich Optik oder vom Fahren her – bei einer Cabrio-Limousine dieser Art nicht aufkommen.

Die Alternative Vollcabrio oder Cabrio-Limousine stellt sich dennoch kaum. Denn wer Frischluft pur haben möchte, kann nur ein Vollcabrio meinen. Wem etwas mehr als ein Schiebedach genügt und wer den gesundheitlichen Anfechtungen des Cabrio-Fahrens, zumal bei niedrigen Temperaturen, aus dem Wege gehen möchte, der kann sich auch mit Cabrio-Limousinen begnügen – ganz nach dem Motto: Mehr Luft ist zwar weniger als viel, aber mehr als keine.

SKV: Semi-Cabrio auf Mercedes 190-Basis (W 201)

Sonderkarosserien auf Basis Mercedes 190

Auf dem Gebiet der Sonderkarosserien halten sich die Veredler bezüglich der Mercedes 190-Baureihe eindeutig zurück. Im Vergleich zu den S-Klasse-Umbauten gibt es kein entsprechendes Programm an Flügeltüren, Verlängerungen oder Kombis. Lediglich Chris Hahn von der ehemaligen Styling-Garage in Pinneberg bei Hamburg baute einen »City« genannten »Schrumpf-190er« mit zwei Türen, stark verkürztem Chassis und einer zur Ladefläche umfunktionierten Hutablage plus Gepäckraum. Doch in Anbetracht der veranschlagten Umbaukosten von gut 60 000 Mark dürfte dieses Gebilde ein Einzelstück geblieben sein.

An einen Kombi auf Basis des Mercedes 190 hat sich bisher noch kein Tuner herangewagt. Allerdings würde sich ein solches Fahrzeug auch zu sehr dem Werks-T-Modell der alten und neuen Mittelklasse (W 123/W 124) nähern.

Und ein Sport-Kombi? Möglicherweise wäre er einen Prototyp Wert. Doch in Anbetracht der finanziell angespannten Situation der Veredler müßte ein solches Auto schon von einem »blankoscheckbewährten« Käufer in Auftrag gegeben werden, bevor mit dem Bau überhaupt begonnen wird.

Verlängerungen beim 190er sind kaum sinnvoll und auch Klein- und City-Laster mit Pritsche finden wohl kaum mehr Abnehmer, es sei denn als Werbeträger oder ähnliches. Alles in allem hat Erich Schulz die wohl einzige realistische Sonderkarosserie für den Mercedes 190 bereits verwirklicht: eine Coupé-Variante. Dieses optisch elegant und sehr dezent gezeichnete Auto könnte in gleicher Aufmachung auch aus dem Werk selbst stammen. Ob dieses exzellent dastehende Coupé sich in Anbetracht sicherlich nicht geringer Entwicklungs-

Schulz: Coupé auf Mercedes 190-Basis (W 201) mit SEC-Haube

kosten und hohem Aufwand für den Umbau noch rechnen läßt, steht auf einem anderen Blatt – mit dicken Fragezeichen versehen. Jedenfalls müssen beim sehr zivilen Umbaupreis von rund 25 000 Mark schon einige Coupés gebaut werden, bis die Investitionen wieder eingespielt sind. Andererseits läßt sich nicht leugnen, daß Schulz mit diesem Objekt innerhalb der Veredlerbranche ein Glanzlicht schuf, dem auf keine Weise die gerne verliehenen Attribute »primitiv, halbstark oder unseriös« angehängt werden können. Allzugerne werden Veredler-Produkte von den Tuning-Gegnern pauschal verteufelt oder es wird mangelnde Verarbeitungsqualität vorgeworfen – doch diesen Schuh braucht sich Schulz mit seinem Coupé nicht anzuziehen.

Schließlich ist aber doch deutlich anzumerken, daß der Markt für ein solches Coupé relativ klein sein muß. Obwohl das Schulz-Coupé schon längere Zeit in der Öffentlichkeit bekannt ist und regelmäßig auf Ausstellungen gezeigt wird, hat das allseits beliebte Veredler-Kopierdrama bei dieser Variante noch nicht eingesetzt.

Apal: Frontmotor-Sportwagen »Francorchamps« mit Motor des Mercedes 190 E 2.3–16 oder 190 E

Komplettfahrzeuge auf Basis des Mercedes 190

Noch einen Schritt weiter als die Hersteller von Sonderkarosserien gehen die Produzenten von Komplettfahrzeugen auf einer bestimmten mechanischen Basis, hier der des Mercedes 190.

Bisher gibt es zwei Fabrikate, die mit der mehr oder weniger kompletten 190-Mechanik ausgestattet sind: Apal und Isdera. Dabei handelt es sich jeweils um zweisitzige Sportwagen, jedoch nach total unterschiedlichem Konzept.

Während das Unternehmen Apal mit dem »Francorchamps« einen Frontmotor-Sportwagen mit massivem Kastenrahmen und beachtlichen Abmessungen (4400×1670×1240 mm) baut, ist der Isdera Spider 033-16 ein reinrassiger Mittelmotor-Sportwagen mit extravagantem Zuschnitt.

An beiden Autos sind Parallelen zu entdecken: Sie verfügen über GFK-Karosserien, und als Antrieb verwenden die Hersteller den Motor des Mercedes 190 E 2.3–16, der in der Serienausführung 136 kW (185 PS) leistet. Somit dürfte sich die Höchstgeschwindigkeit dieser Fahrzeuge bei etwa 250 km/h einpendeln und eine Beschleunigung von 0 auf 100 km/h in etwa 7,0 Sekunden erreicht werden.

Wahlweise gibt es den Apal in der Grundausführung auch mit dem serienmäßigen 190 E-Motor, der bei einem Hubraum von 2,0 Litern eine Leistung von 90 kW (122 PS) erreicht. Außerdem ist der Apal als Targa konzipiert, denn das Dachteil läßt sich herausnehmen.

Noch luftiger geht es beim Isdera Spider zu. Ganz ohne Dach, ist er ein reines Schönwetter-Auto und für Europas Breitengrade deswegen

Isdera: Mittelmotor-Sportwagen »Isdera Spider 033-16« mit Motor des Mercedes 190 E 2.3-16

schon recht problematisch. Dafür handelt es sich aber um einen absolut konsequent gezeichneten Mittelmotor-Sportwagen.

Beide Exoten, sowohl der Apal als auch der Isdera, gehören zu den teuren Exemplaren – der Isdera überschreitet sogar die 100 000 Mark-Grenze.

Schon deshalb werden beide Autos sicher nicht auf größere Stückzahlen kommen; aber sie sind Musterbeispiele für Abwechslung im Alltagsgeschehen der Massenhersteller und lassen die Herzen vieler Automobilisten höher schlagen.

Die neue Mittelklasse

Moderne in der Offensive

Die Erfolge mit der großen S-Klasse (W 126) sowie mit der kleinen Mercedes-Baureihe 190 (W 201) stimmen die Veredler allgemein optimistisch.

So kam, was zu erwarten war: Der große Run auf die ersten Modelle der neuen Mercedes-Mittelklasse 200 – 300 E (W 124). Jeder wollte der erste sein; und es war in der Tat schon faszinierend und kaum zu glauben, in welcher Zeit beispielsweise Brabus, Lorinser, MTS oder Schulz ihre ersten Foto- und Testfahrzeuge fertiggestellt hatten.

Besonders deutlich wurde der Boom auf der Frankfurter Automobil-Ausstellung (IAA) 1985: Jeder, der etwas auf sich hält und nicht gerade markengebunden orientiert ist, hatte einen Mercedes der Baureihe W 124 auf dem Stand zu zeigen.

Für einige Firmen war dieses Modell sogar der Anlaß, sich erstmals überhaupt an einem Daimler-Benz zu versuchen, wie zum Beispiel die Firma Haslbeck.

Die traditionellen Mercedes-Veredler, zum Beispiel AMG, Brabus, Duchatelet, Lorinser und Schulz, hatten bereits volle bis übervolle Programme für den W 124 anzubieten. Aber auch die Großserienhersteller BBS und Zender waren und sind bereits voll im Geschäft.

So erreicht das Tuning-Programm für die neue Mercedes-Mittelklasse innerhalb eines Jahres nach Erscheinen des Fahrzeugs am Markt zwar noch nicht den Umfang des Programms, wie es beim 190er bekannt ist, aber die Aussichten, daß es zukünftig ähnlich komplettiert wird, sind durchaus gegeben.

Aufwendige Veredlerprojekte wie beispielsweise Cabrios, Verlängerungen etc., lassen noch auf sich warten oder befinden sich im Prototyp-Stadium. Lediglich die nicht mehr produzierende Styling-Garage hatte bereits eine Cabrio-Version vorgestellt.

Ursache für die Zurückhaltung beim Cabrio-Bau ist wohl die Tatsache, daß die Veredler auf das neue Mercedes-Coupé der Baureihe W 124 warten.

Das bisher aufwendigste Projekt in der neuen Mercedes-Mittelklasse ist der Hochgeschwindigkeits-124 von AMG. Dabei war das Ziel, in so kurzer Zeit ein Auto mit über 300 km/h Höchstgeschwindigkeit zu bauen, wohl auch nur deshalb erreichbar, weil AMG die aufwendigste und zeitraubendste Komponente – den Motor – praktisch im Regal stehen hatte: einen 5,6 Liter-V8-32-Ventiler für die S-Klasse.

Zwar ist die Anpassung der großen Maschine an die übrige Mechanik des W 124 ebenfalls sehr aufwendig und zeitraubend, aber immer noch eher zu bewältigen als die Entwicklung und der Bau eines Vierventilkopfes und dessen Erprobung.

Optisches und mechanisches Tuning an der Mercerdes 200 – 300-Reihe

Optische Karosserie-Teile aus Kunststoff und Innenraumveredelung lassen sich in einigen Monaten verkaufsfähig auf die Beine stellen. Beim W 124 ging alles noch etwas schneller, hektischer. Einige der Mercedes-Großtuner wie zum Beispiel Lorinser, mußten, um mit als erste auf dem Markt zu sein, größere Vorserienstückzahlen der Spoiler aus GFK im Handverfahren fertigen lassen, da die Herstellung von Metallformen für die geschäumten Serienteile Monate länger dauerte.

Ähnliches gilt auch für das Motortuning, wobei dort allerdings Daimler-Benz einen erheblichen Beitrag zum Marktverhalten der Produzenten und Käufer geleistet hat. Aus werksinternen Gründen wurde zunächst nur der 230 E ausgeliefert. Der 260 E sowie der 300 E kamen Monate später. Die Tuner störte dies nicht, sie brachten die 230 E-Maschine einfach auf das serienmäßige Leistungsniveau eines 260 E oder etwas darüber. Doch nach dem ersten Aufschrei und der ersten Hektik innerhalb der Veredler-Familie in Sachen neue Mercedes-Mittelklasse siegten langsam Vernunft und Verstand. Eine Firma, die etwas länger für die Entwicklung brauchte, ist ABC. Doch inzwischen gibt es von diesem Unternehmen eine schmale Version und eine extrem breite. Die schmale Version umfaßt vordere und hintere Spoiler-Stoßstangen und Seitenschweller sowie zusätzlich eine Motorhaube im SEC-Stil und einen freistehenden Heckflügel à la Werks-16-Ventiler. ABC vertreibt dazu spezielle Fünfspeichenfelgen der Firma Gotti. Und wie bei fast allen Veredlern, legt ABC auf Wunsch die Autos auch tiefer. Bei der zweiten, der breiten Version, ist diese Maßnahme obligatorisch. das Fahrwerk wird hierbei total überarbeitet. Vorn werden Reifen der Dimension 285/40 R 15 auf 10 Zoll-Felgen aufgezogen, hinten 345/35 R 15 auf 13 Zoll-Felgen – also das Breiteste, was es derzeit für die Straße überhaupt zu kaufen gibt. »Latschen« dieser

ABC: Mercedes 200–300 (W 124) Schmalversion

AMG: Mercedes 200–300 (W 124) mit verstellbarem Frontspoiler

Größenordnung liefert lediglich Lamborghini serienmäßig für den Countach. Damit diese Räder beim W 124 überhaupt untergebracht werden können, muß einiges am Fahrwerk und Radhaus getan werden. Zwangsläufig verbreitert sich mächtig die Karosserie. Insbesondere im hinteren Abschnitt wirkt das Ganze schon etwas übertrieben, und es sind zum Beispiel richtige Kanäle nötig, um überhaupt an die Türgriffe zu gelangen.

Im herkömmlichen Sinne sind diese Entwicklungen nicht mehr mit Vernunft erklärbar, es sind die Ergebnisse einer Mentalität der Superlative – bei Käufern und Anbietern. Wenn das Breiteste gefragt und zu vermarkten ist, läuft es zwangsläufig auf ein solches oder ähnliches Ergebnis hinaus. Zudem ist anzunehmen, daß Firmen wie beispielsweise ABC ausreichend Marktdaten ermittelt haben, bevor sie eine solche Entwicklung in Angriff nehmen.

Was das Äußere betrifft, hält sich AMG mit seinen Teilen mehr zurück. Weder Breite um jeden Preis, noch Aggressivität durch übertriebene Dimensionen, sind hier gefragt. Inzwischen gibt es von AMG zwei unterschiedliche Karosseriebausätze für den Mercedes W 124. Die zweite, neuere Version ist ganz besonders stark auf guten c_w-Wert und Abtrieb getrimmt. Für AMG galt die Maxime, eine Limousine zu bauen, die eine Höchstgeschwindigkeit von über 300 km/h erreicht.

Bei der ersten Ausführung bot das Unternehmen einen besonderen Frontspoiler anstelle eines konventionellen Exemplars an, bei dem die untere Hälfte mittels Elektromotor manuell oder automatisch ausgefahren werden kann – je nach Zunahme der Geschwindigkeit. Diese auf Wunsch lieferbare Besonderheit erlaubt einerseits den gebührenden Abstand bei Stadtgeschwindigkeit, um Bordsteine und ähnliches unbeschädigt zu passieren, und gibt – bei ausgefahrenem Unterteil – eine große Fläche

AMG: Mercedes 200–300 (W 124) mit 5,6 Liter-V8-Motor (32-Ventiler), c_w-Wert 0,25, aerodynamisch beste Serienlimousine, 300 km/h schnell.

und damit mächtig Abtrieb bei höheren Geschwindigkeiten. Daß diese Technologie nicht so einfach ist, wie sie sich aufs erste anhört, zeigt die Tatsache, daß der variable Frontspoiler nach über einem Jahr Entwicklung immer noch nicht in Serie gefertigt wird. Zu beachten sind dabei nicht nur die Probleme der Gängigkeit des Bewegungsmechanismus bei hohen Laufleistungen, Abdichtungsprobleme und Beschädigungen bei kleinen Unfällen, sondern auch der enorm hohe Preis.

Die Seitenschweller im typisch kantigen AMG-Design und die Heckschürze sind dagegen konventioneller gestaltet. Als Abschluß auf der Gepäckraumhaube gibt es wahlweise einen aufliegenden oder einen freistehenden Heckspoiler.

Der Frontspoiler für die Hochgeschwindigkeits-Version besitzt eine teilweise Unterbodenverkleidung. Mit dem Prototyp wurden Windkanalmessungen durchgeführt, die den enorm niedrigen c_w-Wert von 0,25 ergaben. Dies ist zum Zeitpunkt Frühjahr 1986 der wohl niedrigste aller Luftwiderstands-Beiwerte für Limousinen weltweit. Vor allem ist dabei laut Aussage von AMG zu beachten, daß für die Messungen keine spezielle »Hunger-Bereifung« aufgezogen wurde, kein Rückspiegel auf der Beifahrerseite demontiert und kein Kühlergitter von innen zur Verhinderung der Motorraum-Durchströmung abgeklebt wurde, wie dies häufig bei unfairen c_w-Wert-Manipulationen selbst von Automobilwerken getan wird.

Natürlich möbelt AMG auf Wunsch auch das Interieur der Fahrzeuge auf. Vom Feinsten sind Edelholz, Leder, Velours, Unterhaltungselektronik, Telefon und vieles andere mehr, was von der Veredelungsfirma verarbeitet wird. Die Aufpreisliste hierfür ist lang. Doch was vom Kunden schließlich

BBS: Mercedes 200–300 (W 124) mit BBS-Gitterfelge

ausgewählt wird, ist das Ergebnis individueller Gestaltung und fördert letztendlich die Kauflust jedes einzelnen Konsumenten.

Die Motorisierung bei »AMG-Mittelkläßlern« bezieht sich vorläufig auf vier Leistungsstufen. Bei der Grundversion handelt es sich um ein gestärktes 2,3 Liter-Vierzylinderaggregat aus dem 230 E mit 118 kW (160 PS) bei 5750/min und einem maximalen Drehmoment von 215 Nm bei 4750/min. Diese Leistung ist gut für eine Höchstgeschwindigkeit von etwa 220 km/h sowie eine Beschleunigung von 0 auf 100 km/h in zirka 9,0 Sekunden.

Die nächste Stufe, ein 3,0 Liter-Motor aus dem 300 E, erhält bei AMG eine Leistung von 165 kW (225 PS) bei 6000/min und 282 Nm bei 5000/min, mit dem der Wagen unter 8,0 Sekunden die 100 km/h-Marke erreicht und eine Top-Speed von 245 km/h im Bereich des möglichen liegt.

Als dritte Leistungsstufe folgt ein hubraumvergrößerter 3,2 Liter-Motor mit 180 kW (245 PS), für den eine maximale Geschwindigkeit von gut 250 km/h und von 0 auf 100 km/h ein Beschleunigungswert von knapp über 7,0 Sekunden anzunehmen sind.

Absolute Top-Motorisierung im W 124 sind die V8-Triebwerke aus der S-Klasse mit den von AMG selbst entwickelten Vierventil-Zylinderköpfen. Diese »Großkaliber« entwickeln aus 5,0 Litern Hubraum 250 kW (340 PS) bei 5750/min und als 5,6 Liter-Ausführung 265 kW (360 PS) bei 5500/min. Das Ganze ist begleitet von gigantischen Drehmomentwerten, die beim 5,0 Liter-Modell mit 457 Nm bei 4500/min und beim 5,6 Liter-Motor mit 510 Nm bei 4000/min angegeben werden. Eine derartige Leistungseskalation führt natürlich zu entsprechenden Fahrleistungen. Der AMG-Mercedes 5.0 erreicht die 100 km/h-Marke aus dem Stand in 6,0 Sekunden und läßt auf dem Tacho eine Höchstgeschwin-

Brabus: Mercedes 200–300 (W 124), c_w-Wert 0,26

digkeit von 280 km/h anzeigen. Die 5,6 Liter-Ausführung rüttelt gar an der 300 km/h-Schallmauer, wobei der Beschleunigungswert (0 – 100 km/h) mit knapp 5,5 Sekunden zu Buche schlägt.

Für diese im normalen Straßenverkehr phänomenalen Fahrleistungen sind entsprechende Preise zu bezahlen. Der Top-124er von AMG mit 5,6 Liter-Vierventilmotor kostet zirka 120 000 Mark mit nach oben offener Skala für finanziell Unerschütterliche.

Hohen Stellenwert im Gesamtprogramm nehmen inzwischen auch die AMG-Felgen ein. Während die erste, klassische AMG-Felge nach den Worten von Firmenchef Hans-Werner Aufrecht eine Verbeugung vor der Ferrari-Rennfelge ist, sind die beiden neueren Ausgaben die Übertragung der ursprünglichen AMG-Fünfsternfelge in die Moderne des Aerodynamik-Zeitalters. Dabei dokumentieren sie eine beachtenswerte Eigenständigkeit und einen gewissen unverwechselbaren Stil.

Die Firma BBS bietet für den neuen »Star unter den Sternen« ein klassisches Felgenprogramm an: die ein- beziehungsweise dreiteilige Gitterfelge. Parallel dazu gibt es ein Fahrwerks- und Tieferlegungskit sowie einen Spoilersatz bestehend aus Frontspoiler, Seitenschweller und Heckschürze. Die Aerodynamikteile sind rundum relativ dezent gezeichnet und erfordern eigentlich weder eine Fahrwerksveränderung noch neue Räder.

Weitgehend klassisch wirkt auch der Karosserie-Umbausatz für den mittleren Mercedes von Brabus. Dabei hatte Brabus 1985 nach eigenen Worten vor AMG den besten c_w-Wert aller Limousinen mit seiner W 124-Ausführung erreicht: nämlich 0,26. Zur Verbesserung der Aerodynamik wurden dafür Frontspoiler, Seitenschweller und Heckschürze angebaut. Dazu kommt eine spezielle, hinten hochgezogene Gepäckraumhaube mit Abrißkante für die Luftströmung.

Brinkmeyer: Mercedes 200–300 (W 124)

Außer einer umfangreichen Innenraumveredelung, mit Holzverkleidungen, Lederausstattungen sowie den bekannten Sonderwünschen in Richtung Musik-, Video- und Telefon-Anlagen, gibt es bei Brabus auch Motor- und Fahrwerks-Tuningsätze für die Vier- und Sechszylinder-Modelle.

Die Leistungssteigerung für den Vierzylinder gibt Brabus nicht an, bei den Sechszylindern sollten es mittels klassischer Tuning-Maßnahmen zirka 15–19 kW (20–25 PS) mehr Leistung sein.

Die Firma Brinkmeyer bietet für den neuen Mittelklasse-Mercedes einen ziemlich eigenwilligen Stil. Ein breitgezogener, mit drei großen Belüftungsöffnungen versehener Frontspoiler und eine ebenso ausgefallene Heckschürze, verändern die Grundform des Daimler-Benz-Gefährts gewaltig. Bei den Ausstellungs- und Fotofahrzeugen sind die Anbauteile zusätzlich noch von der übrigen Karosserie farblich abgesetzt, so daß die Teile noch mehr ins Auge stechen. Mehr noch als bei den vielen anderen Spoilersätzen, ist das Brinkmeyer-Design eine Frage des spontanen, persönlichen Geschmacks.

Die Umbauversion von Car Design Schacht läßt den Mercedes 124, gegenüber der unbespoilerten Serienversion, sehr bullig aussehen. Gleichzeitig bewirken die stark ausgestellten Radläufe, in Verbindung mit einer tief heruntergezogenen Motorhaube im SEC-Stil, daß dieses Auto noch keilförmiger aussieht, als dies ab Werk ohnehin schon der Fall ist. Zusätzlich zu Frontspoiler, Heckschürze und Seitenschwellern sowie den schon erwähnten Radlaufverbreiterungen und der SEC-Haube, ist auch für den Mittelklasse-Mercedes wahlweise eine dezent hochgezogene Gepäckraumhaube mit Abrißkante oder ein gewaltiger, freistehender Heckflügel erhältlich.

Natürlich läßt sich auch bei Car Design Schacht der Innenraum gehörig aufmöbeln. Dazu zählen die

Car Design Schacht: Mercedes 200–300 (W 124)

üblichen, luxuriösen Materialien wie beispielsweise Holz, Leder etc.

Im Motorenbereich liefert das Unternehmen wahlweise turbogeladene Versionen und neuerdings auch Triebwerke mit mechanischer Kompressoraufladung.

Die überarbeitete Mittelklasse W 124 der Firma Carlsson erinnert optisch stark an das Erstlingswerk, den Mercedes 190. Frontspoiler, Seitenschweller und Heckschürze zeigen ähnlich flüssigen Stil, wie man es inzwischen beim kleinen Mercedes gewohnt ist. Dazu gibt es die fast schon obligatorische SEC-angehauchte Motorhaube mit breitem Kühlergrill und einen freistehenden Heckflügel.

Das selbstentwickelte Mercedes-Veredelungs-Programm für die Optik, beim Groß-Zubehörhandel D + W wurde ebenfalls in Windeseile um den Mercedes 200–300 E erweitert. Es gibt für ihn einen Bausatz, bestehend aus Frontspoiler, Seitenschweller, Heckschürze und freistehendem Heckflügel. Aus den eigenen reichhaltigen Lagern des Versandhandels baut D+W auch Fremdfabrikate an Felgen und Fahrwerken ein.

Belgiens wohlbekannter Mercedes-Umbauer und -Ausstatter Duchatelet hat seine Carat-By-Duchatelet-Reihe bereits um das Angebot für den Mercedes W 124 ergänzt. Das Karosserie-Programm umfaßt auch hier Frontspoiler, Seitenschweller und Heckschürze sowie den immer beliebter werdenden dezenten, freistehenden Heckflügel. Besonders intensiv kümmerte sich Duchatelet, in gewohnter Weise, um den exklusiven Stil des Innenraums. Hochwertige Holzteile, Leder soweit das Auge reicht, wahlweise Velours, dicke Teppiche, exquisite Unterhaltungselektronik von HiFi bis Video – dies alles ist bei Duchatelet gegen gutes Geld in entsprechender Dimension für den

△ Carlsson: Mercedes 200–300 (W 124)   ▽ D+W: Mercedes 200–300 (W 124)

Duchatelet: Mercedes 200–300 (W 124)

Mercedes W 124 zu bekommen. Von mechanischem Tuning hält sich Duchatelet – abgesehen vom Anbau neuer Räder sowie dem Einbau eines anderen Fahrwerks – fern.

In Mühldorf am Inn, nahe der österreichischen Grenze, ist die Firma Haslbeck angesiedelt. Auch dieses Unternehmen geht – ähnlich wie Duchatelet – mit mechanischem Tuning vorsichtig um. Es wurden zwar schon reichlich Geschäfte mit selbstentwickeltem und -gefertigtem Zubehör, vor allem für Geländewagen und japanische Großserienautos gemacht, wobei zum Teil sogar für die Händlerorganisationen der Japaner direkt gearbeitet wurde und die Teile in den offiziellen Prospekten erschienen sind. Mit der neuen Mercedes-Mittelklasse steigt Haslbeck jedoch in einen heißen und hart umkämpften Markt ein.

Die Anbauteile sind harmonisch im Stil des serienmäßigen 190 E 2.3–16 gezeichnet, unterscheiden sich jedoch nicht so sehr von den vielen Mitbewerbern. Zudem geht Haslbeck nicht gerade zimperlich mit den Preisen um und wird es schon deshalb nicht ganz einfach haben, den Einstieg in dieses Veredlersegment zu vollziehen. Der Haslbeck-124 besitzt einen eigenen Frontspoiler, Seitenschweller, Heckschürze und einen freistehenden Heckflügel mit Fortsätzen auf der Oberseite der hinteren Kotflügel. Dazu gibt es relativ glattflächige Felgen, ganz im Stil des Werks-16-Ventilers.

Mit hauseigener Optik wartet dagegen der HF-Bausatz auf. Frontspoiler sowie seitliche Türblenden besitzen ein breites Rillenprofil und bestimmen im wesentlichen das Aussehen der Teile. Dazu gibt es im Frontspoiler die typischen trapezförmigen Öffnungen, die entweder als Aufnahme für Zusatzscheinwerfer oder als Bremsluftkanäle verwendung finden. Heckschürze und SEC-gestylte Motorhaube ergänzen das Programm. Durch das auffäl-

Haslbeck: Mercedes 200–300 (W 124)

lige Rillen-Design erinnert der 124er mit den HF-Teilen an das SEC-Coupé zu Zeiten der werksseitig gerillten Türblenden.

Auch der Münchner »Star«-Veredler Koenig Specials befaßt sich seit kurzem mit dem Mercedes W 124 und bietet hierfür einen Spoiler-Bausatz und breitere Besohlung an, hinten zum Beispiel 245/45.

Lorinser, einer der Pioniere und Marktführer unter den Daimler-Benz-Veredlern für Optik, hatte sich als einer der ersten auf die neue Mittelklasse von Daimler-Benz eingeschworen. Kaum war das erste Fahrzeug auf dem Markt, gab es bereits die ersten Testwagen zur Vorstellung des Karosserie-Kits. Inzwischen hat Lorinser nicht nur gute Geschäfte damit gemacht, sondern das Programm bereits kräftig erweitert. Die zweite, breitere Version neben der ersten, schmalen ist mittlerweile erhältlich. Das ganze, im Stil der erfolgreichen schmalen Version gehaltene Breitprogramm, besteht ebenfalls aus Frontspoiler, Seitenschweller und Heckschürze, dabei sind die als Übergang zu den eingearbeiteten hinteren Radlaufverbreiterungen dienenden Seitenschweller hinten stärker nach außen gezogen. Dasselbe gilt für die Heckschürze. Ein freistehender Heckflügel à la 190 E 2.3–16 läßt sich zusätzlich montieren.

Das Lorinser-Programm wird ergänzt durch zwei eigene Felgen. Während die erste, seit längerem lieferbare Felge an das Werksdesign erinnert, handelt es sich bei der neuen, wahlweise ein- oder dreiteiligen Felge, um eine glattflächige, schnörkellose Fünfsternausführung.

Daneben ist bei Lorinser auch für die 124-Baureihe bereits ein umfangreiches Innenraum-Veredelungsprogramm auf die Beine gestellt worden. Feinstes Holz, Leder, Velours, HiFi, Telefon, Bar und eine ganze Liste weiterer Accessoires sind auf der Angebotsliste zu finden.

Lorinser: Mercedes Kombi (T-Modell W 124) mit Lorinser-Felgen

Fast noch im Programmaufbau begriffen ist die Firma Lotec bei Rosenheim. Vorerst bietet das Unternehmen ein Optik-Programm für die Schmalversion des Mercedes 124. Neben dem sehr dezent ausgeführten Kunststoff-Bausatz, bestehend aus Frontspoiler, Seitenschweller und Heckschürze, gibt es wahlweise eine SEC-ähnliche Motorhaube oder die spezielle Haube im Stil der Originalausführung, bei der die im Serienzustand getrennt von der Haube montierte Kühlerattrappe mit der GFK-Haube eine Einheit bildet. Dies ist eine modern-dynamische Alternative zur SEC-Haube, zumal die Originaloptik weitgehend beibehalten wurde. Beim Motor ist ein mechanischer Kompressor als »Doping« für das Dreiliter-Aggregat vorgesehen. Die geplante Leistung ist bei 198–220 kW (270–300 PS) angesiedelt.

Die Firma MTS war ebenfalls als eine der ersten mit dem Karosserieteile-Programm für den mittleren Mercedes auf dem Markt. Dabei unterscheidet sich der MTS-Satz relativ stark von denen der Mitbewerber. Der ganz im Stil des 190ers von MTS gehaltene Kit umfaßt einen Frontspoiler, der sich gut in die Gesamtoptik der Limousine einfügt, sauber dastehende, glattflächige Türblenden und Seitenschweller, die in aufgesetzte Radlaufverbreiterungen übergehen sowie eine dezente Heckschürze. Das ganze wird gekrönt durch einen eigenwillig kantig geformten, freistehenden Heckflügel, der zum MTS-Karosseriebausatz gut paßt. Bei MTS lassen sich auch Räder und Fahrwerk gegenüber der Serie verändern.

Das Unternehmen Schulz war, was den Mercedes 190 betrifft, mit Cabrio, Fünfliter-Motor und Coupé dreifach Vorreiter inmitten der Veredlerzunft. Dagegen lassen beim 124er die großen Neuheiten noch auf sich warten. Dennoch hat Erich Schulz es auch hier geschafft, als einer der allerersten mit

△ Lorinser: Mercedes 200–300 (W 124) Breitversion mit Lorinser-Felgen   ▽ Schulz: Mercedes 200–300 (W 124)

Vestatec: Mercedes 200–300 (W 124) mit vorgesetzter kleiner SEC-Kühlerblende

seinem Karosseriebausatz auf dem Markt zu sein. Dabei entstand der Eindruck, daß er die neue Mittelklasse W 124 der alten Mittelklasse W 123 optisch etwas angleichen wollte. Die stark aufgegliederte Stoßstangenpartie mit Frontspoiler und Heckschürze erinnert an das Vorgängermodell, ebenso das stark nach innen fliehende Unterteil der Heckschürze. Hier hat Schulz der neuen, glattflächig-geradlinigen Optik der Aerodynamik-Generation eine gehörige Portion Rundungen und Schnörkel angedeihen lassen. Der aufgesetzte freistehende Heckflügel und die im SEC-Stil gehaltene Motorhaube liegen dagegen wieder im allgemeinen Trend.

Einmalig bisher ist das Schulz-Dreieck in gerilltem, eingefärbtem Kunststoff zur Ergänzung der – zumindest am Anfang – gewöhnungsbedürftigen trapezförmigen Rückleuchten, im Volksmund auch »Käseecken« genannt, zum klassisch-braven Rechteck. Auch dies ist also wieder eine Reminiszenz an die anderen, älteren Daimler-Benz-Baureihen. So sieht der Schulz-124 bespoilert etwas braver und normaler aus, als die mit den gewöhnungsbedürftigen Attributen der Normallimousine ausgestattete Konkurrenz.

Weniger brav geht es da schon zu, wenn Schulz dem 2,3 Liter-Motor mittels Turboaufladung »Beine« macht. Dann treiben 138 kW (190 PS) bei 5100/min den keilförmigen Mercedes mit einem maximalen Drehmoment von 205 Nm bei 3500/min in zirka 8,5 Sekunden von 0 auf 100 km/h und schließlich bis zu einer Höchstgeschwindigkeit von etwa 230 km/h.

Ungewöhnlich am Vestatec-124 ist der SEC-ähnliche Grill, der anstelle der Original-Kühlermaske angebaut wird. Dies ist zwar keine SEC-modifizierte Motorhaube, sondern ein wesentlich billigeres Hilfsmittel, den SEC-Touch in den 124er zu zwingen,

Zender: Mercedes 200–300 (W 124) mit Zender-Felgen

aber es wird sicher einige Besitzer geben, denen rund 3000 bis 3500 Mark für eine Motorhaube im SEC-Stil einfach zu viel sind und die sich mit der halben Lösung für ein Fünftel des Preises zufriedengeben. Ansonsten zeigt sich der Vestatec-Satz recht konventionell: Rillen am Frontspoiler, Geradlinigkeit an den Seitenschwellern, gelungene Proportionen am freistehenden Heckflügel.

Zenders Hausdesigner Zillner verpaßte dem neuen Mittelkasse-Mercedes mit seinem Spoilersatz ein sehr sauber gezeichnetes, elegantes Aussehen. Harmonisch fügen sich Frontspoiler, Seitenschweller, Türblenden und Heckschürze in des Gesamterscheinungsbild der Mercedes-Karosserie. Alles paßt ausgewogen und unaufdringlich zusammen. Abgerundet wird die Erscheinung durch einen flachen, sehr dicht an der Gepäckraumhaube liegenden, freistehenden Heckflügel und wuchtige Felgen im neuen Zender-Design, die Dynamik und Massigkeit der Gesamtkarosserie betonen.

Aus der bisherigen Zusammenstellung ist zu erkennen, daß für die neue Mercedes-Mittelklasse W 124 bereits reichlich Veredler-Produkte am Markt zu finden sind. Also für jeden etwas.

Was bisher jedoch noch überraschend lange auf sich warten ließ, sind massive Karosserie-Umbauten wie beispielsweise Cabrios oder Verlängerungen.

Für eine Überraschung sorgte allerdings die Firma GFG: Der Spezialist für Verlängerungen und Sicherheitsfahrzeuge entwickelte einen Pseudo-Oldtimer auf Basis des Mercedes W 124. Das Fahrzeug erinnert sehr stark an den alten Mercedes-Vorkriegssportwagen 540 K. Der »Elisar« erinnert mit seiner langen Motorhaube, mit den weich geschwungenen Kotflügeln und mit seinen Speichenrädern an längst vergangenen Luxus, an Zei-

GFG: Modell »Elisar«, eine Replik mit W 124-Technik im Stil der dreißiger Jahre, angelehnt an den Mercedes 540 K.

ten, in denen viele Autos noch handwerkliche Preziosen für wenige Auserwählte waren, in denen es für den Hochadel zum guten Ton gehörte, sich sein Auto beim Spezial-Karossier in Handarbeit herstellen zu lassen. Vom Automobilwerk gab es da nur das Chassis mit Motor. Den Rest, sprich Karosserie und Innenraum, gestalteten Käufer und Karosseriebaufirma gemeinsam.

Diese Art Auftragserteilung wäre bei den heutigen Stundenlöhnen für einen »Normalsterblichen« unbezahlbar, denn es stecken Tausende von Stunden in den handgetriebenden und -gefertigten Blech-, Glas- und Holzteilen. Diesen Touch vermittelt – natürlich in abgeschwächter, nostalgischer Form – der Elisar mit dem Dreiliter-Motor aus dem 300 E der neuen Mercedes-Mittelklasse – das Ganze für 165 000 Mark.

Was ist zu erwarten?
124er-Tuning und Projekte

Die große Überraschung beim Veredler-Roulette: Es gibt bisher – bis auf eine Ausnahme – kein Cabrio auf Basis der neuen Daimler-Benz-Mittelklasse.

Hauptgrund hierfür dürfte wohl sein, daß aufgrund der Presseinformationen die ganze Branche mit dem baldigen Verkauf des bereits angekündigten 124-Coupés gerechnet hat. Das bisher einzige Cabrio, nämlich das der ehemaligen Styling-Garage, wurde als Prototyp auf Limousinen-Basis mit der Ankündigung gebaut, daß die endgültige Fertigung auf Coupé-Basis erfolgen würde.

So wurden in aufwendiger Manier vier Türen in zwei verwandelt, der Heckbereich an der hinteren Scheibe geändert und ein Cabrio-Verdeck entwickelt, das aussieht, als ob es der Ersatz des Blechdaches in Coupé-Form wäre. Obwohl das Coupé ab Werk erheblich mehr kosten wird als die Limousine, dürfte beim Umbau zum zweitürigen Cabrio der Differenzpreis wieder ausgeglichen werden.

Ob es letztendlich aber sinnvoll ist, auf Basis des 124ers eine viertürige Cabrio-Version zu bauen, wie dies zum Beispiel die Schweizer Firma Caruna bei der S-Klasse vornimmt, ist mehr als fraglich.

Also bleibt es bei den Cabrios wohl so lange still, bis das Werkscoupé auf den Markt kommt.

Und was würde passieren, wenn Daimler-Benz selbst – wie einst bei der alten S-Klasse – ein zweitüriges Cabrio auf Coupé-Basis anbietet? Angesichts des weltweiten Cabrio-Booms und angesichts der Cabrio-Ambitionen der weißblauen Marke aus München mehr als nur Spekulation?

Der Veredlerzunft würde wieder einmal von den allmächtigen Werken ein Stückchen des Kuchens weggeschnappt, den sie eigentlich selbst gebacken haben. Alles natürlich etwas besser, perfekter und – zum Vorteil der Käufer – billiger, mit Werksservice und -garantie. Aber eben wieder einmal der Verlust eines Quentchens handwerklicher Individualität. Die kleinen Karosseriespezialisten müßten sich nach anderer Betätigung umsehen.

Mit möglichen Flügeltüren ist – falls überhaupt – wohl auch erst mit dem Erscheinen des Werks-Coupés zu rechnen.

Fraglich bleibt dann, ob Kunden bei solchen

Styling Garage: Cabrio auf Basis der Mercedes 200–300 (W 124)

Exoten mit ihren exorbitanten Preisen nicht gleich die bewährte SEC-Basis wählen.

Auch die Kombi-Version, bei der S-Klasse vereinzelt gebaut, ist bei der Mittelklasse wohl tot, da es sie bereits ab Werk gibt.

Was bleibt für die »Blechschneider« übrig?

Möglich wäre der Pullman, also die verlängerte Limousine. Bei der S-Klasse in vielfältiger Ausführung gebaut und selbst bei der alten Mittelklasse W 123 etwa als Taxi oder Flughafentransporter beliebt, ist er bei der neuen Mittelklasse nicht mehr so einfach zu verwirklichen.

Wegen der stark keilförmigen Karosserie, ist es bei einer Verlängerung nicht mehr mit dem bloßen Einsetzen eines Zwischenstücks getan. Zur Beibehaltung der Seitenlinie sind erhebliche optische Retuschen nötig, die nur daraus resultieren, daß keine Knicke in den ansteigenden Konturen entstehen.

Der Bau einer verlängerten Ausführung auf Basis des Kombi-Modells, ist ebenfalls denkbar und vielleicht leichter zu verwirklichen. Einem solchen Auto mit Kombi-Heck fehlt aber der Touch der großen weiten Welt.

Denkbar wäre aber auch ein Auto auf Basis der T-Modell-Reihe, mit einem auf mehr Nutzen ausgerichteten Aufbau als Großraumkombi, Luxuswohnmobil oder rollendes Konferenzzimmer. Am geeignetsten wäre das Ganze wohl mit dritter Achse und Allradantrieb als lustbetontes Playmobil verkäuflich.

Vielleicht hat auch Franco Sbarro, der große Schweizer Ideenproduzent, einen seiner Kollegen zum Bau eines mit vier Flügeltüren ausgestatteten 124ers auf Limousinen-Basis inspiriert. Wer weiß das schon?

Ob derartige Vorhaben letztendlich zu realisieren wären – diese Entscheidung sollte ein vernunftbezogener Hersteller nicht allein treffen, sondern er sollte sich mit dem Käufer auf eine Vorfinanzierung einigen.

Mit am wahrscheinlichsten ist der Bau kompletter Karosserien auf Basis der hervorragenden und hochaktuellen Daimler-Benz-Mechanik. Das ausgezeichnete Fahrwerk und die moderne Motoren-Technologie fordern geradezu zum Bau von sportwagenähnlichen Gebilden heraus, ob in nostalgischem Replica-Stil ehemaliger Mercedes-Sportwagen oder als rennwagenähnliche Straßenboliden.

Entsprechend sportlich getrimmte Fahrwerke und Motoren, insbesondere mittels des kommenden Runs auf mechanische Kompressoren, werden solchen Einzel- oder Kleinserien-Sportwagen für Individualisten zu enormen Fahrleistungen und Top-Fahreigenschaften, vergleichbar mit absoluten Spitzensportwagen, verhelfen. Hier wären Leistungen von 220 kW (300 PS) und Höchstgeschwindigkeiten von um die 300 km/h allemal drin.

Unter solchen Gesichtspunkten würden schließlich auch Endpreise von 150 000 bis 250 000 Mark nicht mehr unrealistisch sein, da die Konkurrenz vom Schlage der Ferrari, Lamborghini, Aston Martin und Porsche auf gleichem Niveau oder sogar darüber liegt.

Top-Speeds von 300 km/h auf der Straße sind dann wohl auch die magische Zahl für alle Motor-Tuner bei der Mercedes 124-Baureihe.

Die Firma AMG hat dieses Ziel mit viel Aufwand und enormen Kosten bereits erreicht. Der große Aufwand bezieht sich bei AMG jedoch nicht allein nur auf den neuen Mittelklässler von Daimler-Benz, sondern war zum größten Teil bereits durch die Entwicklung des 5,0 beziehungsweise 5,6 Liter-V8-Vierventilers für die S-Klasse getätigt. Die Leistungsstufen mußten beim 124er neu angepaßt und die ganze Kraftübertragung und Fahrwerksmechanik darauf abgestimmt werden. Dies war und ist natürlich keine leichte Arbeit, insbesondere was die Hinterachse und das Getriebe betrifft, die zum Teil aus der S-Klasse stammen.

Es verfügen natürlich nicht alle Tuner und Veredler über die finanziellen Möglichkeiten einer Firma AMG. Größtenteils wird dann nach anderen Wegen gesucht, das Ziel mit weniger Kostenaufwand zu erreichen.

Von irgendwelchen, noch nicht absehbaren Geistesblitzen abgesehen, dürfte das Allheilmittel der nächsten Motorengeneration »mechanischer Kompressor« heißen. Allenthalben ist dies bei den Tunern zu hören, und es wurde ja auch von der Automobilindustrie in einigen Sonder- beziehungsweise Kleinserienmodellen vorexerziert, wie zum Beispiel bei Lancia mit den Volumex-Versionen, bei Opel mit den Comprex-Serien oder bei VW in der Polo-Reihe.

Die Vorteile des mechanischen Laders liegen, technisch gesehen, in der kontinuierlichen Leistungssteigerung von der Leerlaufdrehzahl an, im Fehlen der Beschleunigungsverzögerung und im erheblich niedrigeren Temperaturniveau. Der wahre Grund für die Veredlerbranche aber ist, daß etwa die gleiche Leistung mit erheblich weniger Kostenaufwand erreicht werden kann. Diese Kostenersparnis, gegenüber dem Turbo, wird aber sicher zumindest am Anfang nicht voll an die Kunden weitergegeben. Erst wenn sich alle Tuner auf die neue Technik konzentriert haben, wird sich zeigen, daß die Preise erheblich unter denen der gleichstarken Turbolader-Ausführungen liegen können.

Ein weiterer Schwerpunkt der Tuner dürfte in Zukunft das elektronisch gesteuerte Fahrwerk sein. Auch hier spielt AMG dieses Mal den Vorreiter, allerdings exklusiv für die S-Klasse. Es ist jedoch zu erwarten, daß diese oder eine ähnliche Technologie nach ausreichender Erprobung in der S-Klasse, auch von AMG oder einem der Mitbewerber in die Daimler-Mittelklasse transferiert wird.

Ein weiteres spezielles Marktsegment für die Veredlerbranche dürften die neuen Kommunikationstechnologien werden. Abgestimmt auf die Bedürfnisse streßgeplagter Manager, gut betuchter Rechtsanwälte, Ärzte, Steuerberater, Unternehmer oder Showstars, wird es wohl bald möglich sein, sich nicht nur mit Musik aus Äther, CD-Platte, Video und Cassette berieseln zu lassen, sondern auch direkt mit Büro, Börse, Klienten und Patienten, Freunden und Verwandten zu kommunizieren.

Das Ganze läuft auf die totale Informationsgesellschaft hinaus, die die neusten Errungenschaften der Telefon-, Teletext-, Telekopier-, Video- und Fernsehübertragung nicht nur zu Hause und im Büro haben möchte, sondern genauso im Hotel oder – eben wie in diesem Fall – unterwegs im Auto damit versorgt sein will.

Im Detail werden diese Systeme ermöglichen, beispielsweise im Büro die neusten Informationen, die speziell hier für den Manager oder den Firmenboß abgespeichert wurden, abzufragen. So ist man auch unterwegs informiert über Aufträge, Kontenstände, Reklamationen und Personalquerelen, ohne mit einem Mitarbeiter direkt sprechen zu müssen und unabhängig von den Bürozeiten. Genauso kann aber auch die Ehefrau zu Hause im Homecomputer eine Nachricht hinterlassen, wenn sie zum Beispiel zum Friseur geht, wenn der Herr Gemahl noch eine Flasche Sekt mitbringen soll, weil sie Geburtstag hat, oder wenn die Kinder schlechte Noten heimgebracht haben.

Probleme bei solchen Entwicklungen sind vor allem die Genehmigungen für Fernsprech- und Funknetzanschlüsse und die Absicherung der Zugriffsmöglichkeit in stationäre Speichereinheiten, zum Beispiel in einer Kanzlei, von außen.

Insgesamt ist, auf den Mercedes 124 bezogen, in Zukunft zu erwarten, daß, dem allgemeinen Trend entsprechend, vermehrt die Entwicklung sportlicher, sachbezogener und seriöser Tuning-Pakete im Vordergrund steht.

Es werden auch weniger Scheichs und Showstars sein, die für nachträgliche Veredelungsmaßnahmen an ihren Autos in Frage kommen, sondern eher mehr oder weniger gut verdienende Geschäftsleute, die etwas schneller, etwas komfortabler und in etwas eleganterer Atmosphäre an ihr Ziel gelangen wollen, um damit dem aufgezwungenen Streß etwas Gutes abzugewinnen und das Gefühl zu bekommen, auch beim Auto ein wenig zum eigenen Wohlergehen getan zu haben, zumal in ihm ein sehr großer Teil der Zeit verbracht wird.

S wie Sonderklasse

Spitzentechnik top verpackt

Gilt Mercedes als »König« unter den Autonamen, so ist unter den Königen die S-Klasse der »Kaiser«. Diese Baureihe ist seit ihrem Erscheinen in vielerlei Hinsicht das käufliche Nonplusultra.

Das Stuttgarter Nobelhaus selbst blickt voller Stolz auf die internationalen Lobeshymnen, die der S-Klasse allenthalben gesungen werden. Aber auch die Atomobilveredler schauen mit dollargeschwängerten Augen auf dieses Spitzenprodukt deutscher Automobilbaukunst.

In Anbetracht der Unerreichbarkeit dieses Statussymbols könnte natürlich der naive Laie fragen, warum das serienmäßige Auto überhaupt noch geändert werden sollte.

Weit gefehlt.

Wer ist schon mit dem, was er hat, zufrieden? Der wohlhabenden S-Klasse-Kundschaft geht es nicht nur darum, das Beste zu fahren, sondern mit diesem auch aufzufallen, damit jeder sieht: Der kann es sich leisten, dem muß es gutgehen. Zumindest in bestimmten Kreisen wechseln sich Neid und Beneidetwerden ab.

Als Firmen wie AMG und Lorinser bei Erscheinen der neuen S-Klasse im Jahr 1979 sich intensiv an die nachträgliche Veränderung der Optik machten, griffen sich viele an den Kopf und dachten: Die spinnen wohl.

Aber auch hier weit gefehlt.

Genauso wie mit der neusten S-Klasse der überladene Chrom-Flitter der Vorgängermodelle verschwand und nach langem, anfänglichem Wehklagen der Käufer der großen Baureihe von Daimler-Benz über seitliche Plastikschürzen an den Türen und ungewohnt dynamisch-sportliches Styling sich eine neue Käuferschicht auftat, genauso sah man plötzlich das Stuttgarter Flaggschiff dezent veredelt. Sicher hat, wie in fast allen Fällen großen kommerziellen Erfolges bei einem Produkt, auch der zeitliche Zufall eine ganz entscheidende Rolle gespielt.

In diesem Fall kam die neue, schnörkellose Limousine gerade zu einer Zeit auf den Markt, in der Jugend und Dynamik gerade bei den gutverdienenden Altersgruppen zwischen 35 und 50 Jahren »in« waren. Außerdem war zu erkennen, daß durch die günstige Aerodynamik nicht nur in Zeiten explosionsartig gestiegener Benzinpreise günstige Verbräuche bei der S-Klasse erzielt wurden, sondern daß sich mittels Gesamtkonzeption von Motor, Fahrwerk, Karosserie und Innenraum exzellente Technik präsentierte, die eine neue dynamische Kundschaft dazu in die Lage versetzte, ihre Kaufentscheidung für einen »Altherren-Wagen« zu rechtfertigen.

Daimler-Benz hat mit der S-Klasse – also mit einem einzigen Fahrzeugtyp – einen sensationellen

Wandel vom »Hosenträger-Image« zur Marke der jung-dynamisch Erfolgreichen geschafft und gleichzeitig den Markt für den kleinen Mercedes vorbereitet, der auf die gleiche Käuferschicht mit etwas weniger dickem Geldbeutel zielen sollte, oder auf die Zweit- und Drittwagenbesitzer, die zuvor einen Golf GTI, einen Dreier-BMW oder ähnliches gefahren haben.

So kam es, daß die Lockrufe von AMG, Lorinser und Co. auf sehr offene Ohren stießen.

Zunächst war dies eine Käuferschicht, die auf irgendeinem oder mehreren Gebieten etwas mehr, etwas Besseres, etwas Exklusiveres wollte. Motor, Fahrwerk, Exterieur und Interieur wurden wahlweise und stets sehr dezent veredelt.

Die Pioniere der Daimler-Benz-Veredelung, allen voran AMG und Lorinser, sind auch ihrem ursprünglichen Stil und ihrer Zielgruppe treugeblieben. Diese ist in erster Linie der erfolgreiche Geschäftsmann mit Spaß am Auto, der einen wohlabgestimmten Unterschied zur Serienoptik sucht, aber die oberste Grenze bei dezenten Anbauteilen und Felgen sieht. Das höchste der Gefühle sind dann unauffällige Kotflügelverbreiterungen oder eine SEC-Haube an der Limousine.

Nachdem die erste Stufe im Veredelungstriebwerk gezündet war, kam dann die zweite, unvergleichlich auffälligere. Im Zuge explodierender Erdölpreise und – mit einiger Verzögerung – genauso explodierender Dollarkurse, wuchs eine Klientel arabischer und amerikanischer Dollarmillionäre und -milliardäre heran, der es genau um das Gegenteil früherer Mercedes-Käufer ging.

Sie wollten auffallen, um jeden Preis.

Gefragt waren Superlative: Der längste SEL, der teuerste SEC, der breiteste SEC, Flügeltüren beim SEC und neuerdings sogar vier beim SEL, Cabrios, Goldzierart, Motorhauben-Styling à la Mercedes 600, Extrem-Schnickschnack im Innenraum.

Mit der neuen Kundschaft gab es auch Firmen, die sich – zumindest temporär – auf derartige Umbauten spezialisierten. Vor allem die ehemalige Styling-Garage aus Pinneberg bei Hamburg produzierte vornehmlich solche »Ölscheich-Dampfer«. Allerdings fanden sie auch Nachahmer in einigen anderen Firmen.

Als bereits die ersten Anzeichen erschlaffender Dollarpotenz im arabischen und nordamerikanischen Raum deutlich wurden, mußten blitzschnell die Exzesse gebändigt werden, wenn auch nur zum Teil. Es fanden sich neue, allerdings nicht mehr so lukrative und ergiebige Märkte wie zum Beispiel Japan, Südamerika, Großbritannien, Spanien, Hongkong, Malaysia, Australien und Südafrika. Doch als Ergebnis dieser Umschichtung fielen die Umbaupreise von ehemals unsinnigen 300 000 Mark und weit darüber auf fast schon bescheidene 100 000 bis 200 000 Mark. Zudem muß um jeden einzelnen Kunden gekämpft werden. So gab es einige Firmen, die – nach dem einen oder anderen Mißerfolg – ihre Angebotspreise um nicht weniger als 50 Prozent reduzierten, nur um überhaupt noch Geschäfte zu tätigen.

Die dritte und neueste Stufe des Mercedes-Veredlertreibsatzes lautet in etwa: europatauglisches Breit-Design gekoppelt mit gegebenenfalls jeder Menge Power im Motor. Bestes Beispiel dafür sind die breiten SEC- und SEL-Versionen von Koenig Specials aus München mit bis zu 294 kW (400 PS) und bald sogar 367 kW (500 PS) beim 5,6 Liter-Motor. Für den Kunden ergeben sich folgende Umbaukosten: 40 000 Mark für äußere Optik und Fahrwerk plus Räder, 40 000 Mark für den »Motorpunch« und 40 000 Mark für Dachkuppierung. Wer will, kann dann noch einige zig-tausend Mark in die Innenraumveredelung stecken. Alles, was sich über diesen Preisen bewegt, ist kaum mehr an den Mann zu bringen.

Mit einer Ausnahme – wie in so vielen Lebensbereichen: Die Geschäfte mit der Angst. Gemeint sind gepanzerte und mit Sicherheitsglas versehene Automobile und – damit oft verbunden – Pullman-Verlängerungen für Staatschefs und gekrönte Häupter sowie andere Personen, die mindestens einen Meter Knieraum auf den hinteren Sesseln brauchen.

Dazukommen nach wie vor – wenn auch in bescheidenem Umfang – mangels werksseitiger Aktivitäten von den Veredlern zum Cabrio umgebaute Blechdächer.

Eine neue, ganz erstaunliche Spezies, sind die Super-Sondersportwagen mit Daimler-Benz-Triebwerken der V8-Reihe. Offensichtlich hat die Interessentengruppe für solche Autos, die sich bunt gemischt aus den ehemaligen Optik-Fetischisten und Technik-Gourmets zusammensetzt, keinen Gefallen mehr an biederen amerikanischen Großserienmotoren, sondern sucht zumindest im Motorraum das Edle, zum Beispiel ein mit Stern gekröntes Triebwerk.

Auch der Innenraum-Schnickschnack, der einst vorwiegend auf Vorhänge, Sofabezüge, Fernseher und Bars ausgerichtet war, als ob es sich um ein rollendes Boudoir oder um eine fahrbare Exquisit-Kneipe handele, hat sich inzwischen in vernünftigere Bahnen begeben. Es wird alles etwas nüchtern-technischer. Statt Bar gibt es Kühlbox und Klapptischchen, statt Fernseher gibt es einen Minicomputer mit Multifunktionsbildschirm, bei dem auch eine Videoanlage integriert ist.

S-Klasse-Veredelung – ein Spektrum also, für das es keinen Vergleich gibt.

Optisches und mechanisches Tuning der S-Klasse

ABC-Exclusive, die Bonner Veredler des Sterns, nehmen sich intensiv der Daimler-Benz-S-Klasse an. Bereits das erste Objekt von ABC war ein viersitziges Cabrio auf Basis der besagten Klasse und war auf der Frankfurter Autoshow (IAA) 1983 zu sehen. Inzwischen umfaßt das ABC-Programm für die großen Mercedes-Fahrzeuge so ziemlich alles, was am Markt verkäuflich ist.

Das Programm beginnt mit einem Spoilersatz für Limousine und Coupé. Frontspoiler, Seitenschweller mit Radlaufverbreiterung und Heckschürze können durch einen freistehenden Heckflügel à la 190-Vierventiler ergänzt werden. Und für die, die auffallen wollen, gibt es – bisher allerdings nur für das Coupé – die ABC-Breitversion. Die von Rippen dominant verzierten Frontspoiler und Seitenteile, bestimmen die Optik des gesamten Bausatzes. Wird das Ganze dann noch durch den riesigen, freistehenden Heckflügel und eine Hutze auf der Motorhaube ergänzt, bleibt nicht mehr viel von der zurückhaltenden Gediegenheit des Originals übrig.

Zur ABC-Breitversion gehört natürlich eine entsprechend extreme Bereifung, wobei hinten mit 345/35 R 15 das absolute Maximum erreicht ist. Als passende Felge dazu gibt es die von ABC vertriebene Gotti-Felge aus Frankreich.

Natürlich kümmert sich ABC auch um den Innenraum des Daimler-Spitzenprodukts. Insbesondere Leder, Mohair, Lammfell sowie Holz- und Goldplattierungen schaffen eine neue Atmosphäre im Fahrzeuginnern. Dazu gibt es natürlich die bekannten Installationen an Bars, HiFi, Video etc. ABC nimmt neben Fahrwerks-Umbauten auch den Getriebetausch des serienmäßigen Automaten gegen ein Fünfganggetriebe in Sport- oder Schongangversion vor.

Bei der Firma AMG sieht die Hausphilosophie vor, jedem Kunden sein persönlich zusammengestelltes, individuelles Auto zu präsentieren. Firmenchef Hans-Werner Aufrechts Bemühen ist es dabei, immer eine gehörige Portion Sportlichkeit und Fahrspaß in seine Produkte hineinzuinjizieren. Dies gilt auch und vor allem für den großen Mercedes. Das im Stuttgarter Großraum ansässige Unternehmen hat die phantastische Leistung vollbracht, als Tuning-Firma einen kompletten Vierzylinderkopf mit

△ ABC: Mercedes 500 SEC (W 126) Breitversion

▽ ABC: Interieur des Mercedes 500 SEC in Cabriolet-Ausführung

AMG: Mercedes 560 SEL (W 126) mit V8-Motor (32-Ventiler) und computergesteuerter Stoßdämpferverstellung

allen notwendigen Maßnahmen am übrigen Motorblock zu entwickeln. Der V8-32-Ventiler verschafft der schweren Limousine sportwagenmäßige Fahrleistungen der Spitzenklasse. Mit dem 5,6 Liter-Motor und einer Leistung von 265 kW (360 PS) bei 5500/min sowie einem gewaltigen Drehmoment von 510 Nm bei 5400/min vergehen ganze sechs Sekunden, um aus dem Stand die 100 km/h-Marke zu erreichen, und der mächtige Schub hat erst bei 270 km/h seine Grenze.

Etwas bescheidenere Leistungen und Fahrwerte bringen die übrigen AMG-Tuning-Stufen für die S-Klasse. Es beginnt bei einem Fünfliter-Zweiventiler mit 203 kW (276 PS) bei 5750/min und 408 Nm bei 4000/min, der den Wagen in etwa 7,5 Sekunden von 0 auf 100 km/h beschleunigt und eine Höchstgeschwindigkeit um die 240 km/h ermöglicht. Der 5,4 Liter-Zweiventiler mit 228 kW (310 PS) bei 5350/min und 475 Nm bei 4000/min benötigt für die gleiche Disziplin unter 7,0 Sekunden und erreicht seine Höchstgeschwindigkeit bei zirka 250 km/h.

Die zweitstärkste Motorisierung ist schließlich ein Fünfliter-Vierventiler mit 250 kW (340 PS) bei 5750/min und einem maximalen Drehmoment von 547 Nm bei 4500/min. Dieses Potential erlaubt eine Höchstgeschwindigkeit von 260 km/h sowie eine Beschleunigungszeit aus dem Stand bis 100 km/h von 6,5 Sekunden.

Aber auch optisch läßt sich die S-Klasse bei AMG verändern. Als einer der ersten, die bei der neuen S-Klasse Karosserie-Retuschen durchführten, hat AMG inzwischen ein nahezu einheitliches Bild bei allen Daimler-Benz-Modellen entwickelt. Nach der Präsentation des Umbausatzes für die neue Mittelklasse (W 124), wurde jetzt auch der Kit für die S-Klasse modifiziert. Besonders auffällig und typisch sind dabei die kantig gezeichneten Seiten-

AMG: Mercedes SEC-Reihe (W 126) Breitversion

schweller, die stark geschmacksabhängig sind. Frontspoiler und Heckschürze sind dagegen sehr dezent gehalten und als Ergänzung gibt es einen Heckspoiler auf der Gepäckraumhaube. Diese Teile sind sowohl für die Limousinen als auch für die Coupés verwendbar. Allerdings passen die Kotflügelverbreiterungen nur für das SEC-Coupé, die aber längst nicht in derart gewaltige Geschwülste ausufern, wie dies bei einigen anderen Firmen der Fall ist. Auch die darunter befindlichen Räder halten sich mit der Dimension 255/50 R 16 noch in sehr vernünftigen Grenzen.

Bei der Innenraumveredelung hält sich AMG an die gleiche Philosophie wie beim Motor-Tuning und bei der äußeren Optik. Ganz nach dem Motto des Stammhauses, strebt AMG nach technischer Perfektion, die nicht auffällt, und verwendet Details, die unbemerkt zum Wohlergehen der Insassen beitragen. Alles wird in bestem Material ausgeführt.

Zwei Besonderheiten bietet AMG noch beim Fahrwerk. Da sind einerseits die beiden speziellen AMG-Felgen. Die ältere davon, mit den fünf kräftigen Sternspeichen, ist bereits bestens bekannt; die andere präsentiert sich als aerodynamischmoderne Spielart und ist sehr glattflächig ausgeführt.

Außerdem bietet das Unternehmen eine computergesteuerte Fahrwerksabstimmung. Bei dieser Ausführung wird die Dämpferhärte in Zug- und Druckstufe während der Fahrt selbsttätig beeinflußt. Bestimmungsfaktoren dafür sind Geschwindigkeit, Seitenneigung und Zuladung. Dabei können bereits drei Härtestufen als Grundeinstellung von Hand vorgewählt werden.

Wird das Auto jedoch extrem gefahren, wird die Fahrwerksabstimmung in jedem Fall automatisch in die härteste Stufe reguliert, um beste Fahreigenschaften bei hohen Geschwindigkeiten oder

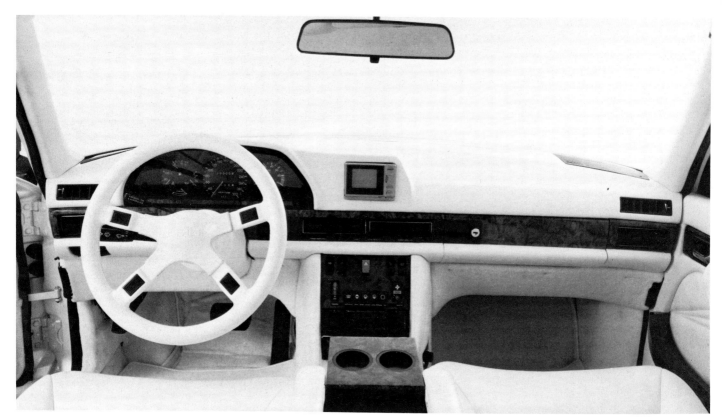

AMG: Interieur

großen Querbeschleunigungen in schnellgefahrenen Kurven sicherzustellen. Dieses Fahrwerk gibt es unter dem Namen CD-Fahrwerk ausschließlich für die S-Klasse. CD steht für computergesteuerte Dämpferkennung.

Die Firma Benny S-Car baut auf Basis des SEC-Coupés einen »PanAm« genannten Boliden mit überdimensionalen Radlaufverbreiterungen. Darunter rollen die größten straßenzugelassenen Gummiwalzen der Dimension 345/35 R 15 auf 13 Zoll-Felgen. Insgesamt verpaßt das Unternehmen dem SEC-Coupé eine Optik, die sich völlig von den Fahrzeugen der anderen Veredler unterscheidet. Viele werden dieses Erscheinungsbild ablehnen, da es völlig gegen den allgemeinen Spoiler-Trend gerichtet ist.

Dominierend bei Benny S ist der sehr eigenwillig gestylte Frontspoiler, der das Äquivalent zu den runden, wulstigen Radlaufverbreiterungen ist. Durch die ziemlich dezent angedeuteten, glattflächigen Seitenschweller, werden die wuchtigen Radlaufverbreiterungen noch extrem betont, so daß der Eindruck entsteht, die Räder würden deutlich über den Karosserierand nach außen stehen. Interessant ist das Design des Frontspoilers, der mit seinen Rundungen und der eingezogenen Mitte der Frontpartie einen sehr bulligen Charakter abgibt.

Schließlich führt Benny S noch die bei den Optik-Veredlern üblichen Aktivitäten wie Tieferlegen des Fahrwerks und Aufwerten des Innenraumes durch.

Für die große Daimler-Benz-Klasse SE, SEL und SEC bietet auch die Firma Bickel-Tuning Frontspoiler, Seitenschweller und Heckschürze an. Zu den Seitenschwellern gehören auch schmale Radlaufverbreiterungen. Doch das von Boschert-Design gezeichnete Bickel-Programm wirkt eher brav und unauffällig.

△ Benny S: »PanAm« auf Mercedes 500 SEC-Basis (W 126)

▽ Bickel: Mercedes SEC-Reihe (W 126)

△ Brabus: Mercedes 500 SEC (W 126)

▽ Brabus: Interieur

D+W: Mercedes SEC-Reihe (W 126)

Umfangreich und mit längerer Tradition präsentiert sich das Programm der Firma Brabus. Der Bottroper Veredler ist ein Unternehmensbereich der Firma Auto Buschmann, dessen Haupttätigkeit der Vertrieb von Daimler-Benz-Personenwagen ist. Entsprechend früh nahm sich Brabus Autosport speziell der S-Klasse an. Das Ergebnis ist ein Karosserieteile-Programm für Limousine und Coupé, dessen Charakteristik sich in den übrigen Bausätzen für die anderen Daimler-Benz-Modellreihen wiederfindet. Frontspoiler, Seitenschweller und Heckschürze stellen das Standardprogramm, das jedoch von der Optik her nicht sonderlich auffällig ist. Dies hat den Vorteil, daß sich der Bausatz wohl auch ganz gut mit den Serienfelgen verträgt.

Auf Wunsch gibt es für die Limousinen eine im SEC-Stil gehaltene Motorhaube und eine Spoilerabrißkante auf der Gepäckraumhaube, wie sie auch beispielsweise von Lorinser bevorzugt wird.

Fahrwerk und Räder lassen sich bei Brabus ebenfalls gegen Sonderausstattungen austauschen. Diese Teile stammen aus den Standardprogrammen bekannter Zubehörhersteller.

Eine Spezialität von Brabus sind Zwei- und Vierrohr-Auspuffanlagen mit kräftigem Sound.

Das Motortuning erfolgt bei der S-Klasse mittels Kompressor oder Turbolader. Die Leistung liegt bei 206 – 235 kW (280 – 320 PS).

Besonders intensiv bemüht sich Brabus – wie einige andere Veredler auch – um die Innenraumverschönerung. Auch hier werden feinstes Holz und Leder sowie andere hochwertige Materialien eingesetzt. Schließlich reichen die Optionen von der HiFi-Anlage über Video bis hin zur Bar.

Beim Zubehör-Großversandhandel D+W wird das Aerodynamik-Programm für Daimler-Benz-Fahrzeuge mit Teilen für die S-Klasse nach oben abgerundet. Im Stil der ersten Ausführung für die S-

Duchatelet: Mercedes S-Klasse (W 126)

Klasse (W 126) sind die Teile reichlich mit Rillenbändern versehen. Frontspoiler, Seitenschweller und Türblenden sowie eine relativ schmale Heckschürze bilden den Gesamtbausatz. Natürlich gibt es auch hier, auf Wunsch, die SEC-Haube für die Limousine und eine Gepäckraumhaube mit Abrißkante.

Räder und Fahrwerk stehen bei D+W ebenso im allgemeinen Zubehör-Programm; zusätzlich ist eine glattflächige Felge im eigenen D+W-Design lieferbar.

Mehr als dezent sieht der Spoilersatz des belgischen Edeltuners Duchatelet aus. Wenn nicht zufällig neben dem veredelten Fahrzeug ein originales S-Klasse-Modell des Jahrgangs 1986 stehen würde, käme wohl kaum ein Betrachter auf den Gedanken, daß Duchatelet am Werksauto etwas verändert haben könnte. Frontspoiler, Seitenschweller und Heckschürze sind so glattflächig und unauffällig in die Gesamtform integriert, daß sie sich von der übrigen Karosserie überhaupt nicht abheben. Dagegen war der vorhergehende Bausatz von Duchatelet wesentlich auffälliger, aber auch sehr viel unharmonischer gezeichnet.

Die besondere Stärke von Duchatelet liegt in der äußerst gediegenen Innenraumgestaltung. Duchatelet verzichtet auf den grellen, schreienden Charakter beim Interieur. Es gibt keinen Falkenkopf als Schalthebel, keine vergoldeten oder goldenen Zierleisten, keinen unnützen Elektronik-Schnickschnack. Statt dessen dominieren farblich wohlabgestimmte Leder- und Velourspolster mit dicken Bodenteppichen und gutdosierten Holzverkleidungen. Natürlich wird Duchatelet auch Kundenwünsche nach auffälligen und weniger wohltemperierten Farben und Ausstattungen erfüllen – der Duchatelet-eigene Stil ist dies jedoch nicht.

Eine Begegnung ganz besonderer Art ist das

Duchatelet: Interieur

überbreite SEC-Coupé von Gemballa. Der Leonberger Jungunternehmer hatte sich jahrelang – zumindest was das Exterieur betrifft – ausschließlich auf das Fabrikat Porsche fixiert. Doch inzwischen gibt es auch erstmalig Produkte von Daimler-Benz zu bestaunen. Als Erstlingswerk nahm sich Gemballa des SEC-Coupés – Daimlers Krönung – an. Mit den Reifengrößen 225/50 R 15 (vorn) und 345/35 R 15 (hinten) ist der Bolide alles andere als unterbereift. Die Pneus sind auf Ronal-Felgen aufgezogen und stecken unter satten Kotflügelverbreiterungen. Das eindrucksvolle Gefährt erreicht im Bereich der Hinterräder eine Gesamtbreite von etwa zwei Metern. Ursache dafür sind die mit Lüftungsrippen versehenen hinteren Verbreiterungen, die nach vorn nahtlos in die Seitenschweller, nach hinten in den weit im Seitenteil ansetzenden Heckspoiler übergehen. Daß die gesamten Anbauteile bei Gemballa sauber und in einem Guß verarbeitet sind, steht außer Frage. Außerdem ist dem Unternehmer positiv anzurechnen, daß er nicht der momentan grassierenden Testarossa-Kiemen-Seuche verfallen ist, sondern eine eigenständige Optik für die Luftschächte in den hinteren Verbreiterungen gefunden hat. Auch die Idee des seitlich herumgezogenen Heckspoilers ist nicht zu verachten.

Was die Auffälligkeit betrifft, ist Gemballa dennoch nicht an die Spitze der SEC-Breitversionen einzuordnen. Aber wahrscheinlich war dies auch nicht beabsichtigt und entspricht dem Geschmack seiner Kunden. Dem ist dann auch nichts zu entgegnen, denn auch ein Veredler lebt schließlich von Verkauf und Umsatz. Gemballa nahm sich auch des Innenraums der S-Klasse an und dies schon – seinem Firmennamen Gemballa Automobilinterieur GmbH entsprechend – seit Beginn seiner Tätigkeit als Automobilveredler. Neben Gemballa-Spezialitä-

GFG: Verlängerte Mercedes S-Klasse (W 126)

ten wie Super-HiFi mit Bedienungselementen im Lenkrad-Pralltopf, hochwertigen Bezügen und Topdesign des Interieurs, bietet Gemballa neuerdings ein Video-Rückspiegelsystem an, das mittels Zoom-Kamera im Rückspiegelgehäuse die Vorgänge hinter dem Auto in einen Minibildschirm überträgt. Der Fahrer kann somit auf der Instrumententafel sehen, was hinter ihm vorgeht.

Sicher gehören derartige Anlagen in den Bereich der überflüssigen Gags, zumal der Ausstattung mit 12 000 Mark ein indiskutabel hoher Preis entgegensteht. Man darf gespannt sein, ob ein Hersteller von Serienautos Gemballas Idee aufgreift und das System in großer Stückzahl einbaut. Die Kosten müßten dann auf einen Bruchteil – schätzungsweise 2000 bis 3000 Mark bei entsprechend vielen Geräten – fallen. Eventuell sind mit Vereinfachungen des Systems und der Verwendung billigerer Komponenten auch niedrigere Preise möglich.

Bei der Firma GFG liegen die Schwerpunkte der Tätigkeit im Bau von Cabrios und Sicherheitsfahrzeugen. In den entsprechenden Kapiteln wird hierauf eingegangen. Daneben werden aber auch ganz normale Karosserie-Umbauteile angeboten. Für die S-Klasse sind dies Frontspoiler, Seitenschweller und Heckschürze. Außerdem gibt es bei GFG die üblichen Programme wie Tieferlegen, Sonderfelgen etc.

Schließlich verfügt GFG noch über ein Gutachten zum Einbau des Dreiliter-Dieselmotors in die S-Klasse-Limousine.

Über die Herkunft der Grundidee aller HF-Designs, gibt es bei Betrachtung des Bausatzes für die S-Klasse keinen Zweifel mehr: Hier setzt sich das breite, gerillte Band der werksseitigen Türblenden identisch im Frontspoiler fort. Dies wurde auch für die Baureihen 190, 200 bis 300 E und die SL-Version als Familienidentifikation übernommen.

HF: Mercedes S-Klasse (W 126)

Daneben gibt es die passende Heckschürze und auf Kundenwunsch die SEC-ähnliche Motorhaube für die Limousinen.

Deutschlands bekannter Spoiler-Pionier Kamei kann sich bei der S-Klasse-Ausstattung natürlich nicht ausklinken. Das Unternehmen bietet auch in dieser Kategorie preiswerte Frontspoiler, Seitenschweller und Heckschürze an. Dazu gibt es als Identifikationsmerkmal Kameis allseits sichtbares Dekor-Set, das unmißverständlich und unübersehbar darauf aufmerksam macht, wessen Spoiler diese S-Klasse-Limousine spazierenfährt.

Neu im Markt der S-Klasse-Veredler ist der Sitzhersteller König. Der mehr als eigenwillig gestylte Umbausatz enthält Frontspoiler, Seitenschweller und Heckschürze. Dabei weist der Frontspoiler unter der Stoßstangenfläche über die ganze Breite gesehen eine optisch seltsam anmutende Reihe kleiner Lüftungsöffnungen auf, die sich bis in die Seitenstücke zum Radlauf fortsetzen. Die Seitenschweller zeigen vor den Hinterrädern angedeutete Luftkanäle. Bei der Heckschürze fällt das unter die Stoßstange heruntergezogene Nummernschild auf; an der freigewordenen Stelle befindet sich eine transparentrote Blende zwischen den Heckleuchteneinheiten. Auf dem Gepäckraumdeckel kann ein aufgesetzter Spoiler montiert werden, der sich seitlich der Kotflügel bis nach vorn zieht. Ein weiteres Betätigungsfeld der Firma König bezieht sich auf den Innenraum. Neben allseits bekannten Video-, Bar- und Telefonanlagen, bietet König spezielle Sitze für die S-Klasse an. Darüber hinaus gibt es Holzverkleidungen, soweit das Auge reicht. Verkleidet werden damit nicht nur das Armaturenbrett und die Lenkradprallplatte, sondern auch große Flächen der Türinnenseite. Diese übertriebene Verwendung von Holz, läßt dessen edlen Charakter etwas verblassen.

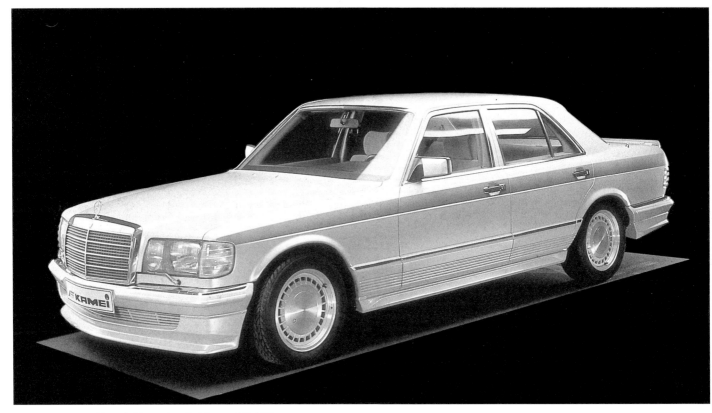

Kamei: Mercedes S-Klasse (W 126)

Beim Münchner Unternehmen Koenig Specials gibt es wieder Radbreite en masse. Nach dem SL-Roadster läßt Koenig Specials auch der S-Klasse Rad- und Karosseriebreite in höchstem Ausmaß angedeihen. Auf der Hinterachse stecken Reifen der Größe 345/35 R 15 auf 13 Zoll-Felgen von BBS. Vorn sind es 285/40 R 15-Reifen auf 10 Zoll-Felgen. Diese Form »Ausbreitung« ist sowohl bei den Limousinen als auch beim SEC-Coupé möglich. Zur Unterbringung der »Walzen« ist es nötig, die Originalkotflügel auszuschneiden und breite »Backen« aufzubauen. Bei Koenig Specials erfolgt dies durch sehr eigenwillig-wulstig geschwungene Kotflügelverbreiterungen, die vorn und hinten stark gerundet sind und deren Verbindungsstück zwischen den Radläufen nur bis auf die Höhe der seitlichen Stoßleiste geht. Deshalb mußte Koenigs Hausdesigner Vittorio Strosek auch die von ihm so gern verwendeten Testarossa-Kiemen stark fächerförmig ausbilden. Frontspoiler, Seitenschweller und Heckschürze sehen zwar im Gegensatz zu den Kotflügelverbreiterungen massiver aus, zeigen sich aber dennoch als klar und glattflächig gezeichnete Elemente. Dagegen wirkt der Übergang der hinteren Kotflügelverbreiterungen in den integrierten Heckspoiler der Gepräckraumhaube ziemlich verschlungen und verspielt. Auf Wunsch ist für die Limousine eine Pseudo-SEC-Motorhaube erhältlich und für alle S-Klasse-Modelle ein riesiger freistehender Flügel, der wie ein Tablett über dem Heck thront. Außerdem kann der Kunde bei Koenig Specials das Interieur seines Wagens verändern lassen.

Als Motorisierung bietet Koenig Specials zwei Varianten. Zum einen gibt es den Fünfliter-Kompressormotor mit 213 kW (290 PS) bei 4750/min und einem maximalen Drehmoment von 500 Nm bei 3000/min, zum anderen liefern die Münchner den Fünfliter-Doppelturbo mit 294 kW (400 PS) bei

△ König: Mercedes SEC-Reihe (W 126)

▽ Koenig Specials: Mercedes S-Klasse (W 126) Breitversion

Kugok: Mercedes S-Klasse (W 126) mit nachgeformter Motorhaube im ehemaligen 600er-Stil einschließlich Blattgoldauflage

4800/min und 590 Nm bei 2950/min. Die Fahrleistungen mit den beiden Antriebsaggregaten bewegen sich zwischen 6,0 und 7,0 Sekunden von 0 auf 100 km/h, wobei die Höchstgeschwindigkeiten mit 260 beziehungsweise 270 km/h angenommen werden können.

Die in Stuttgart ansässige Firma Kugok spezialisierte sich im Hinblick auf die S-Klasse auf die Kundschaft aus Nahost. Neben Standardausstattungen wie HiFi-Anlagen bietet das Unternehmen für den Innenraum Vorhänge, Falkenköpfe, Bar, Gold und sonstige Auffälligkeiten.

Aber auch das Äußere wird bei Kugok mit viel Flitter und Glanz aufpoliert: Haube à la Ex-Mercedes 600 – das Ganze mit echter Blattgoldauflage, falls es Majestät belieben –, Exportscheinwerfer, Heckschürze mit aufgesetztem Nummernschild und roter Blende zwischen den Heckleuchten, bumerangartige Fernsehantenne. Wem diese auffälligen Accessoires nicht gefallen, der kann bei Kugok natürlich auch dezenteres Zubehör auswählen.

Auf der absolut dezenten Welle arbeitet Sportservice Lorinser. Der Veredelungsbetrieb des in der Nähe Stuttgarts angesiedelten autorisierten Daimler-Benz-Händlers befaßte sich als einer der ersten mit den Produkten der Stuttgarter Nobelmarke. Schon von Beginn an kreierte Lorinser gewisse Stilelemente, die zum Teil heute in die Serienfertigung eingeflossen sind. Das spricht für die Seriosität der Optik, wenn es um die Lorinser-Anbauteile geht. Besonders deutlich ist dies an den Seitenschwellern der S-Klasse-Modelle zu sehen. Hier hat Lorinser den Stil des im mittleren Bereich schmalen und sich an den Enden verbreiternden seitlichen, unteren Abschlusses der Karosserie hoffähig ein-

Lorinser: Mercedes SEC-Reihe (W 126) mit Lorinser-Felgen

geführt. Dieser, fürs Auge harmonische Seitenverlauf floß inzwischen, in zum Teil abgeschwächter Form, in viele neue Serienmodelle ein und ist unter anderem auch bei der 86er-Serie der Mercedes S-Klasse zu finden. Bei Lorinser gibt es zu den eleganten Seitenschwellern einen wohlproportionierten Frontspoiler und eine schmale Heckschürze. Auf Wunsch erhält man die SEC-Haube in abgeänderter Form für die Limousine und für alle Fahrzeuge der S-Klasse die typische Lorinser-Gepäckraumhaube mit Luftabrißkante. Durch die aufgesetzte Lippe auf der Originalhaube wird insbesondere beim Coupé ein flotter, hinterer Karosserieabschluß erreicht.

Neu bei Lorinser sind auch die in eigenem Design gehaltenen Felgen, die es in ein- oder dreiteiliger Ausführung gibt.

Schließlich ergänzt Lorinser das Programm äußerer Veredelungsmaßnahmen in altbekannter Manier durch ein breitgefächertes Angebot an Innenraumzubehör. Neben bekannten Dingen wir Wurzelholzblenden, Lederausstattungen, HiFi und Telefon gibt es bei Lorinser ein »Airclean« genanntes Luftreinigungssystem, das die Insassen vor allzugroßer Luftverschmutzung in Staus, Unterführungen, Tiefgaragen usw. schützen soll. Die Außenluft wird hierbei durch ein Filtersystem von Schadstoffen, so gut es geht, befreit, bevor sie in den Innenraum geleitet wird.

Cabrio- und Verlängerungsspezialist Erich Schulz bietet ein normales Spoilerprogramm für die oberste Daimler-Benz-Typenreihe. So liefert das Unternehmen Frontspoiler, Seitenschweller und Heckschürze im typischen Schulz-Design, das in gleicher Form auch bei den anderen Mercedes-Baureihen zu finden ist. Dazu kommen auf Wunsch SEC-Haube für die Limousine und eine Gepäckraumhaube mit Abrißkante. Natürlich werden bei

Schulz: Mercedes S-Klasse (W 126)

Schulz auch Wünsche nach Innenraumveränderungen bei Anfrage bearbeitet.

Getreu den eigenen Worten: »Mechanisch läßt sich nichts verbessern«, beläßt es die Firma Trasco International bei der optischen Veredelung. Der Bremer »Optiker« mit Finanzverwaltung im Schweizer Kanton Zug, schielt bei seiner Tätigkeit besonders auf die Kunden aus Übersee. Bevorzugtes Kind ist dabei die Mercedes S-Klasse, die in zahllosen Varianten modifiziert wird. In der untersten Umbaustufe erhalten die Serienautos Exportscheinwerfer und einen Frontspoiler. Solche Exemplare werden dann zumeist im Innenraum nach allen Regeln der Kunst reichlich mit Holz, Leder und Unterhaltungselektronik sowie Telefon, Bar etc. für den Manager garniert.

Was Trasco sonst noch in der Schublade hat und speziell baut, ist unter dem Kapitel »Cabrios« und »Sonderaufbauten« zu finden.

Als Motorenspezialist nimmt sich die Firma Turbo-Motors auch der V8-Aggregate der S-Klasse an. Mittels Turbolader werden die Fünfliter-Serienaggregate in drei Leistungsstufen aufgefrischt: Auf Wunsch gibt es 206 kW (280 PS), 221 kW (300 PS) oder 323 kW (440 PS).

Erreicht wird die Leistungsexplosion mit zwei Turboladern, die bei der 300 PS-Variante das maximale Drehmoment auf 515 Nm bei 1850/min ansteigen lassen. Der Ladedruck beträgt dabei zirka 0,4 bar. Als Höchstgeschwindigkeit werden mit dieser Variante knapp über 240 km/h erreicht, die Beschleunigung von 0 auf 100 km/h nimmt etwas unter 7,0 Sekunden in Anspruch. Die Version mit 440 PS setzt dann diesen Leistungswerten noch eine Krone auf.

Deutschlands Massenveredler Zender befaßt sich ebenfalls mit der Mercedes S-Klasse. Geboten werden schmale und breite Versionen, wobei es die Kotflügelverbreiterungen ausschließlich für das Coupé passend gibt. Der einfache Bausatz beinhal-

△ Trasco: Mercedes S-Klasse (W 126)   ▽ Zender: Mercedes SEC-Reihe (W 126) Breitversion

let Frontspoiler und Heckschürze unter der Serienstoßstange sowie Seitenschweller. Dazu liefert das Unternehmen einen großen, auf die Gepäckraumhaube aufgesetzten Heckspoiler und gegebenenfalls die SEC-Haube für die Limousine.

Bei der breiten Version werden komplette Frontspoiler- und Heckschürzen-Stoßstangen montiert und langgezogene Kotflügelverbreiterungen mit einem Seitenschweller als Verbindungsstück aufgesetzt. Zusätzlich läßt sich der bereits erwähnte Heckspoiler montieren.

Für die S-Klasse gibt es ferner die in eigenem Design gehaltenen Fünfstern-Zender-Felgen.

Veredelungen der Innenräume führt die Zender-eigene Firma Zender Exklusiv-Auto durch. In diesem Firmenbereich entstand unter anderem auch eine Kombiversion auf der Basis des 500 SE, wie sie in ähnlicher Art auch bereits von ABC, Styling Garage und GFG gebaut wurde. Zwar ist der S-Klasse-Kombi optisch eine Augenweide, er dürfte jedoch auf keine sonderliche Käuferresonanz stoßen, da ein Kombi in dieser Preiskategorie kaum gewerblich genutzt wird. Und für privaten Bedarf oder zu Repräsentationszwecken fehlt das besondere Image.

Soweit die alphabetisch geordneten S-Klasse-Veredler, die sich mit konventionellen Bauteilen befassen. Diese auf Optik getrimmten Teile können im Grunde genommen von jeder besseren Werkstatt oder auch von versierten Bastlern montiert werden. Doch daneben gibt es gerade bei der S-Klasse massive Eingriffe in die Festigkeit gebende Karosserie-Struktur und das Chassis.

Weltweit gibt es bei keinem anderen Fahrzeugtyp auch nur annähernd eine solche Vielzahl an Cabrio-Umbauten, Karosserieverlängerungen und anderen Sonderaufbauten.

Schließlich erreicht die reine Verwendung der S-Klasse-Mechanik, unter einer komplett neuen Haut, immer mehr Zulauf. In den zwei folgenden Kapiteln geht es um Cabrios und Sonderaufbauten auf Basis der großen Daimler-Benz-Modelle.

Zender: Kombi auf Mercedes S-Klasse-Basis (W 126)

Cabrios auf Basis der S-Klasse

Zu allen Zeiten gab es Firmen, die Cabrio-Aufbauten anstelle der werksseitigen Limousinendächer montierten. Bereits vor den dreißiger Jahren ließen bessere Herrschaften ihre Mercedes, Horch, Duesenberg, Rolls-Royce etc. mit Vorliebe bei den Karossiers nach eigenen Vorstellungen einkleiden. Die »Blechschneider« hielten sich dabei mehr oder weniger an die Limousinen-Vorbilder. Häufig wurden aber auch Karosserien angefertigt, die nicht mehr im entferntesten mit dem Original vergleichbar waren.

Schon zu jenen Zeiten war die häufigste Aufbauform der Sonderkarosserien das Cabriolet. Damals zumeist viersitzig, war es kein Problem, offene Autos auf den von den Werken gelieferten überaus stabilen und verwindungssteifen Fahrgestellen aufzubauen. Die Karosserien waren damals noch nicht selbsttragend und damit auf ein massives Fundament, sprich Chassis, angewiesen. Nach dem Zweiten Weltkrieg wurde die gute alte Tradition des Sonder-Cabriobaus nahtlos fortgesetzt.

Hier machte zwar Daimler-Benz eine Ausnahme, weil fast alle Modelle werksseitig als Cabrio lieferbar waren, aber Firmen wie Authenrieth, Baur, Karmann, Hebmüller und Wendler kuppierten DKWs Sonderklasse, BMWs V8-Limousine und VWs Käfer – letzteren besonders auffällig als zweisitziges Hebmüller-Cabrio mit rasantem Sporttouch. In den sechziger Jahren nahmen die Cabrioumbauten eher noch zu. Modelle wie der barocke 17 M von Ford, die nachfolgende 17 M-»Badewanne«, Opels Rekord, der Citroën DS von Chapron und andere mehr wurden »enthauptet« und mit Stoffdächern versehen. Es war die Zeit der englischen Roadster, der MG, Austin-Healey, Jaguar E, Aston Martin, aber auch der offenen Ferrari, Maserati, Fiat und Lancia und nicht zuletzt des BMW 507 und 503 Cabrios und der Merdedes 190 SL, 230 SL und 300 SL Roadster.

Die alte Werkscabrio-Tradition setzte auch Daim-

Alter Mercedes 300 S als dreisitziges Cabrio (1951/52) mit 3,0 Liter-Sechszylindermotor, Leistung 150 PS.

Cabriolet von Daimler-Benz auf Basis des ehemaligen Mercedes 220 SE

ler-Benz nach dem Zweiten Weltkrieg fort. Ob 170 V, 170 DS, 220 A, 300 »Adenauer« oder 300 S, alle gab es wahlweise ab Werk als Cabrio-Alternative zur Limousine.

Herrliche Zeiten für Frischluftfahrer!

Bei den Nachfolgemodellen wurde mit dieser Tradition weitgehend gebrochen.

In Anbetracht wachsenden Sicherheitsdenkens und im Streben nach rationeller Fertigung wurde, dem Trend entsprechend, bei den Massenautos auf Cabriovarianten verzichtet. Und wenn Cabrios, dann waren es zumeist Ableger der Coupé-Reihen, die bereits den Kreis der Individualisten mit besser gepolstertem Geldbeutel ansprachen.

So gab es bei Daimler-Benz kein 180er- oder 190er-Cabrio als Nachfolger der 170er-Cabrios, sondern das 220er-Cabrio als eigenständigen Ableger der 220er-Limousine und Variante des 220er-Coupés sowie den Sportwagen 190 SL als stets offenen Roadster. Auch der legendäre 300 SL-Flügeltürer wurde durch den 300 SL-Roadster ersetzt.

In der nächstfolgenden Generation der Daimler-Benz-Modelle, blieb das Cabrio auf Basis der neugeschaffenen S-Klasse-Baureihe erhalten. Das 250 SE-Cabrio, später auch als 280 SE und 350 SE erhältlich, war der legitime Nachfolger des 220 Cabrios. Auch hier basierte die offene Version auf der gegenüber der Limousine eigenständigen Coupé-Karosserie. Nur war bei dieser Baureihe die optische Verwandtschaft von Limousine und Coupé/Cabrio wesentlich enger als beim Vorgängermodell. Der 190 SL wurde durch den 230 SL, später 250 SL und 280 SL, ersetzt, der 300 SL entfiel ersatzlos.

Mit dem Erscheinen der vorletzten S-Klasse-Generation (W 116) im Jahre 1972, entfielen bis auf die SL-Reihe alle offenen Daimler-Benz-Modelle.

Amerikanische Sicherheitsbestimmungen, allgemeine Cabrio-Müdigkeit, Leichtbau und Kostendenken hatten eine traditionsreiche Autospezies nahezu aussterben lassen.

Es war die Zeit der »Henkel«-Cabrios. Targas, Überrollbügel, T-Bar-Versionen mit zwei herausnehmbaren Dachluken waren angesagt. Das Käfer-Vollcabrio machte dem Golf-»Henkelmann« Platz. Porsche brachte, zum Leidwesen aller Fans, den Targa als Notlösung. Es gab den Triumph Stag, den Fiat X 1/9, den Datsun 240 Z, den VW-Porsche 914 und jede Menge US-Semisportwagen, die anstatt oben ohne, oben nicht ganz ohne, aber auch mit etwas mehr als Schiebedach herumfuhren. Daimlers SL war in dieser Zeit der große Lichtblick für Cabrio-Fans. Plein air, kein Stahl verschleiert den Blick zum Himmel. Automobiles Open-air-Festival.

Und wo die Sehnsucht herrscht – und sie herrschte bei den Cabrios lange – findet sich über kurz oder lang jemand, der den Marktbedarf deckt.

Bei den Cabrios waren es die Veredler.

Und sie schlagen dort zu, wo der saftige Preis für den Umbau von einer geschlossenen Blechdachvariante in ein offenes Cabrio am leichtesten verkraftet werden kann: Bei der Mercedes S-Klasse. Gerade immer beliebter geworden bei Scheichs und Geldadel, ergab sich bei diesen Modellen ein ausreichendes Kundenpotential für solche Exoten.

Allen voran griff Chris Hahn von der ehemaligen Styling Garage kräftig zur Blechschere, um solide Stuttgarter Qualitätsarbeit zu zerstückeln.

Der Styling Garage folgten dann Firmen wie Schulz, GFG, Caruna, ABC und bb Auto (ehemals Buchmann). Zuletzt gesellte sich noch die Firma Koenig Specials aus München dazu.

Inzwischen gibt es auch bei den Cabrios wieder verschiedene Spielarten. Angeboten werden viertürige, viersitzige Cabrios auf Basis der Limousine sowie zweitürige, 2+2sitzige Versionen auf SEC-Coupé-Basis.

Es gibt jedoch große Probleme beim Cabrio-Bau: Zum einen muß eine ausreichende Steifigkeit als Ausgleich für das entfallene Blechdach erreicht werden, zum anderen soll der Verdeckmechanismus tadellos funktionieren. Gerade letzteres ist ein schwieriges Unterfangen, da es nur noch ganz wenige Spezialisten gibt, die einen Verdeckmechanismus mit den enorm hohen Anforderungen heutiger Kunden an Bedienungskomfort, Dichtheit und Paßform konstruieren können. Vor allem ist in dieser Klasse der großen Mercedes-Baureihe das übliche selbsttätige Öffnen und Schließen des Verdeckes sowie ein über lange Zeit einwandfrei funktionierender Verdeckmechanismus das A und O des Cabrio-Baus. Dazu sollten die Bedienungskräfte noch möglichst klein sein, um einerseits die elektrohydraulischen Verstelleinrichtungen kleinhalten zu können und andererseits keine Riesenkräfte auf das Verdeckgestänge wirken lassen zu müssen, die Gestänge und Verdeck beschädigen können.

Diesem Streben nach niedrigen Kräften steht, aber wieder der satte, straffe Sitz der Verdeckhaut entgegen, denn ein stark gespanntes Cabrio-Verdeck ist wiederum Voraussetzung für Dichtheit und vor allem Geräuscharmut bei höheren Geschwindigkeiten. Ein Cabrio-Verdeck, das auch bei 180 oder 200 km/h nicht wie ein aufgeblähter Truthahn aussehen soll, muß schon sehr straff gespannt werden.

Auch das Versteifen der Karosserie ist nicht von schlechten Eltern. Die Limousine steht plötzlich ohne »Deckel« da und sollte eigentlich dort versteift werden, wo es nicht geht: Auf Schulterhöhe diagonal quer durch den Innenraum. Rein rechnerisch ist es nahezu unmöglich, einem Cabrio die gleiche Steifigkeit einer Limousine zu geben, ohne das Gewicht gewaltig in die Höhe zu treiben. Heutige Sereinautos sind jedoch enorm steif und verwindungsfest gebaut. Deshalb wird es meistens als akzeptabel empfunden, wenn das Cabrio annähernd die gleiche Torsionsfestigkeit aufweist und Schütteln sowie Stuckern auf unebenen Fahrbahnen sich in Grenzen halten. Außerdem werden

ABC: Cabrio auf Mercedes SEC-Basis (W 126) Breitversion

Cabrios erfahrungsgemäß weit weniger schnell und sportlich gefahren.

So beschränken sich auch die Versteifungsmaßnahmen der Veredler beim Cabrio-Bau in der Regel auf verstärkte seitliche Bodenholme, Querstreben hinter dem Armaturenbrett und den Rücksitzen, Federbeinabstützungen, verstärkte Holme der Fensterrahmen und kleinere Versteifungselemente in der Bodengruppe und den Innenteilen im Bereich der Kotflügel. Daß hiermit gute Erfolge auch bei breiter Bereifung und leistungsstarken großen Automobilen erreicht werden können, beweisen die SEC-Cabrios in Breitversion von ABC und Koenig Specials. ABC bietet nämlich neben seinem normalen zweitürigen Viersitzer-SEC-Cabrio auch die von der Coupé-Version her bekannte Breitversion als Cabrio an. Hier werden vordere Reifen der Größe 285/40 R 15 sowie hintere Reifen der Dimnension 345/35 R 15 montiert.

Die ABC-Cabrios lassen sich mit den gleichen optischen Zutaten für Interieur und Exterieur wie die geschlossenen Exemplare versehen. Die Verdeckbetätigung erfolgt elektro-hydraulisch. Die Preise werden auf Anfrage genannt, liegen jedoch sicher im branchenüblichen Bereich von 30000 bis 40000 Mark für den reinen Cabrio-Umbau.

Ewas ganz besonderes ließ sich Edel-Veredler Buchmann (bb Auto) einfallen. Sein Magic-Top genanntes SEC-Cabrio behält des Originalblechdach – zumindest im Prinzip. Zuvor wird dieses jedoch kräftig zersägt. Das Coupé-Dach wird im Frontbereich und in Höhe der Gepäckraumhaube abgetrennt. Das gleiche geschieht mit den hinteren Dachholmen, den sogenannten C-Säulen, die von der oberen Dachhälfte abgesägt werden. Zusammen mit der Heckscheibe und deren versteifendem Rahmen, bilden sie das zweite, bewegliche Teil.

Beim Öffnen mittels dreier Elektromotoren

Caruna: Cabrio auf Mercedes S-Klasse-Basis (W 126) als Viertürer

bewegt sich zunächst das Dachteil nach hinten, bis die Vorderkante des Dachteiles die hinteren C-Säulen erreicht hat. Das freibewegliche Dachteil hängt dann über der Gepäckraumhaube. Ist diese Position erreicht, fahren die C-Säulen, zusammen mit dem Heckfenster und dem aufliegenden Dachteil, gemeinsam nach unten. Die C-Säulen werden dabei in seitlichen Schächten der Karosserie geführt. Ist die ganze Angelegenheit am Tiefpunkt angekommen, liegt das Dachteil auf einer speziellen Aufnahmevorrichtung am Gepäckraumdeckel auf, und die seitlichen Schächte sind durch selbsttätig ausfahrende Abdeckungen wieder veschlossen. Der ganze Öffnungsvorgang dauert etwa 20 Sekunden und wird elektronisch kontrolliert. Zum Beispiel wird vorher überprüft, ob die Gepäckraumhaube geschlossen ist, die Verriegelungen geöffnet sind und die Fahrgeschwindigkeit unter 50 km/h liegt.

Der gesamte Spaß ist für den drei- bis vierfachen Preis eines konventionellen Cabrio-Umbaues, nämlich zirka 140 000 Mark zu haben.

Weit konservativer verhält sich die Firma Caruna aus der Schweiz. Sie bietet eine Cabrio-Version mit klassischer Optik auf Basis der W 126-Limousine und einen T-Bar-Targa auf SEC-Basis an. Die viertürige Ausführung auf Basis der Limousine ist ein wahrer Augenschmaus für konservative Cabrio-Freaks. Das langgestreckte, viertürige Fahrzeug mit steilstehender Frontscheibe und hoch aufgebauter und weit zurückreichender Verdeckablage, erinnert an goldene Cabrio-Zeiten, als Offenfahren kein Privileg von flachen Pseudosportwagen war, sondern auch gestandene Viertürer, ihrer »Kopfbedeckung« beraubt, ausgefahren wurden.

Herrschaftlich nannte man diesen Stil, umgeben vom Flair eines Staatsmannes.

Keine Filmschauspieler und Showstars, keine

GFG: Cabrio auf Mercedes SEC-Basis (W 126)

Rennfahrer und Sportler, sondern Chauffeure, Herren mit Anzug und Damen mit Hut, sind die äquivalenten Benutzer. Schön, daß es dieses Cabrio gibt.

Ebenfalls ungewöhnlich zeigt sich die SEC-Variante von Caruna. Dem Coupé wird nämlich nicht das ganze Blechdach genommen, sondern es werden nur zwei Dachteile herausgeschnitten, so daß ein Targa mit Mittelsteg, ein sogenannter T-Bar-Targa entsteht. Der echte Cabrio-Fan wird hierüber natürlich nur verächtlich lächeln, doch wird einigen die zusätzliche Luftzufuhr genügen. Außerdem ist das ganze Gefährt steifer und wetterfester ausgeführt als ein Vollcabrio.

Ein traditionelles Cabrio-Vergnügen, auf Basis des SEC-Coupés, bieten die Firmen GFG und Koenig Specials, allerdings mit sehr unterschiedlicher Optik. Während GFG auf die wahlweise mit Spoilern bestückte originale SEC-Karosserie baut und darauf ein eher herkömmliches Cabrio-Verdeck setzt, baut Koenig Specials SEC-Cabrio-Extrem.

Auf die mit Koenig-Verbreiterungen versehene und mit 285/40 R 15 (vorn) und 345/35 R 15 (hinten) bereifte Basiskarosserie setzten die Münchner ein königlich-sportliches Faltverdeck. Es würde in seiner flachen, nach hinten rundlich abfallenden Linie, jedem Sportwagen zur Ehre gereichen. Heraus kommt ein Riesengebilde an optischer Sportlichkeit, sowohl im offenen, als auch im geschlossenen Zustand. In dieser Form ist das Koenig-SEC-Cabrio sicher der King beim Boulevard-Riding in den Showmetropolen der Welt. Dabei ist es Koenigs Designer Vittorio Strosek, trotz aller Auffälligkeit und aller Showeffekte des SEC-Cabrios gelungen, einen Stil zu finden, der nicht den Eindruck der Unseriosität seines Besitzers zwangsläufig heraufbeschwört.

Koenigs Cabrio kostet auf Basis des Mercedes 560 SEC in der Größenordnung von 200 000 Mark,

Koenig Specials: Cabrio auf Mercedes SEC-Basis (W 126)

mit Lederausstattung und »Extrapuste« mittels Turbolader lockere 250 000 Mark. Wer soviel Geld ausgibt, liebt entweder den Stil der High-Snobiety – siehe Bentley, Rolls oder Aston Martin – oder er bevorzugt die Selbstdarstellung in extrovertierter Form eines Ferrari Testarossa, eines GTO, eines Lamborghini Countach oder eben eines mehr als aufgemotzten Oberklassen-Daimlers.

Die Kombination Strosek/Koenig hat mit dem SEC-Umbau wohl knapp unter die Schmerzgrenze dessen getroffen, was in Mitteleuropa noch verkaufbar ist, wo allzuleicht das Auto als Symbol für den Charakter seines Besitzers herhalten muß. Und ein Koenig-SEC-Cabrio in der Garage verstecken zu müssen, nur bei Nacht und Nebel ein- und auszufahren, weil die Nachbarn zu tuscheln beginnen, man sei in das »falsche Gewerbe« eingestiegen, wäre ja denn doch zu schade. Doch wie das »koenigliche« Fahrzeug jetzt aussieht, darf das SEC-Cabrio getrost als One-man-show auf dem Vorplatz geparkt werden und die neidvollen Blicke der Umwelt genießen.

Weit weniger auffällig präsentiert sich das viertürige Cabrio auf Basis der S-Klasse-Limousine von Erich Schulz. Das Gegenstück zum Caruna-Cabrio sieht kaum nach traditionell-klassischem Staatsmann-Gefährt aus, aber vielleicht etwas fließender. Es fehlt der bei Caruna gewöhnungsbedürftige Knick in der Gürtellinie auf Höhe der hinteren Türmitte, und das Cabrio-Verdeck läßt sich sehr flach und elegant zusammenfalten. Die Abdeckplane baut gegenüber der Gepäckraumhaube kaum auf.

Wird das Auto ohne zusätzliche Spoiler gefahren, hinterläßt es einen optischen Gesamteindruck, als ob es gerade aus dem Werkshallen von Daimler-Benz gerollt wäre. Schlicht, elegant, aber unübersehbar. Wie bei den anderen Firmen, wird auch bei Erich Schulz das Verdeck elektrohydraulisch betä-

Schulz: Cabrio auf Mercedes S-Klasse-Basis (W 126) als Viertürer

tigt. In ähnlicher Form zeigten sich die Exponate der Styling Garage (Produktion eingestellt) aus Pinneberg bei Hamburg. Der Pionier extremer Daimler-Benz-Schaustücke, Chris Hahn, war auch einer der ersten, der S-Klasse-Cabrios baute.

Nachdem das Unternehmen zumeist Einzelstücke für potente arabische Geldgeber herstellte, gab es in dem Sinne anderer Firmen auch kein Standardprogramm. Man kann im nachhinein jedoch davon ausgehen, daß bei der Styling Garage, sowohl zwei- als auch viertürige Cabrios entstanden, alle mit elektrohydraulischer Verdeckbetätigung.

Die wenigsten dieser Autos sind jedoch TÜV-abgenommen, da sie für Länder ohne solche Abnahmebehörden konstruiert und gebaut wurden.

Außer dem Sonderkapitel »Cabrios«, gibt es inzwischen eine ganze Reihe weiterer Umbauversionen, die von den Veredlern auf Basis der S-Klasse von Daimler-Benz hergestellt werden.

Sonderaufbauten auf Basis der S-Klasse

Die Sonderaufbauten auf Basis der S-Klasse von Daimler-Benz lassen sich in folgende Hauptgruppen unterteilen:

- Verlängerungen (Pullman)
- Flügeltürer (Gullwing)
- Pick-ups und ähnliches
- Komplettkarosserien

Die Verlängerungen, auch Pullman genannt, entstanden in reichlichem Maße ebenfalls – wie die Cabrios – zu Zeiten, als die Scheichs noch reichlich Petrodollars einsackten. Zwar gibt es die Vorläufer bereits seit Jahren in zahmer Form sogar ab Werk zu kaufen, doch der Boom begann erst mit den Showautos.

Von Daimler-Benz wurden beispielsweise Langversionen der ausgelaufenen Baureihe 200 bis 280 E (W 123) ab Werk angeboten. Diese Autos kamen primär für Taxibetriebe, Hotels und Flughafendienste in Frage.

Mit dem gewaltigen Imageanstieg der neuen S-Klasse weltweit, wuchs auch der Bedarf an verlängerten Ausführungen. Der zündende Funke kam wahrscheinlich vom Werk selbst. Mit der Alternative, des gegenüber der SE-Ausführung um 14 Zentimeter verlängerten Renommierstücks 500 SEL im Standardprogramm wurde gleichzeitig der emotionale Eindruck erweckt, SEL sei besser als SE, länger sei repräsentativer, weil teurer. Die Krönung ist nicht SE sondern SEL.

Was liegt demnach näher, als zu sagen, noch länger als SEL ist noch besser?

Inzwischen ist die Vielfalt der Verlängerungsmöglichkeiten nahezu unübersehbar. Es gibt Pullman-Versionen, die um 30, 60, 90, 150 und neuerdings sogar 200 Zentimeter gegenüber der SEL-Werksausführung verlängert sind. Bei den Verlängerungen ab 60 Zentimeter kommen in einigen Fällen dann zwei zusätzliche Türen, Nummer fünf und sechs, hinzu.

Das Einsetzen des zusätzlichen Karosseriestückes kann, sowohl zwischen vorderer und hinterer Türpartie, als auch zwischen hinterer Tür und hinterer Dachstrebe, der C-Säule, geschehen. Ähnlich wie bei den Cabrios, ist auch bei den Verlängerungen das technische Problem die Herstellung der ursprünglichen Steifigkeit des Aufbaues. Jedoch ist diese Aufgabe bei den Cabrios schwerer zu bewältigen, da bei den Verlängerungen die tragenden Dachteile erhalten und zwischen den Türen Holme stehenbleiben, die einen versteifenden Rahmen bilden. Natürlich hat auch eine Verlängerung, wie alles im Leben, irgendwo die Grenze erreicht, bei der sich echte Probleme auftun. So ist eine Radstandsvergrößerung von über einem Meter, sowohl hinsichtlich der nachträglichen Versteifung, als auch der Fahreigenschaften sicher nicht mehr unproblematisch. In einem solchen Fall müssen dann schon wirklich massive Eingriffe in die Karosserie-Struktur getätigt werden, um einigermaßen gleiche Torsionsfestigkeit, die sich in Rütteln und Stuckern auf unebenen Fahrbahnen und in unsauberem Schließen der Türen nach außen hin bemerkbar macht, wieder zu erreichen.

Auch sollte das Fahrgestell, insbesondere Stoßdämpfer und Federn, bei derart extremen Änderungen der Fahrzeugabmessungen, den neuen Bedingungen angepaßt werden, zumal eine nennenswerte Gewichtszunahme bei seriöser Ausführung – speziell ab 60 Zentimeter – immer die Folge ist. Bei deutlicher Zunahme des Radstandes wird sich der Fahrer außerdem mit dem »LKW-Gefühl« anfreunden müssen, sonst nimmt er regelmäßig Bordsteine und ähnliches bei der Kurvenfahrt mit.

Natürlich führt die Vegrößerung des Radstandes auch zwangsläufig dazu, daß Auspuffanlage, Bremsleitungen und insbesondere die Kardanwelle verlängert werden müssen. Dabei treten eigentlich immer irgendwelche Probleme auf. Dies hängt damit zusammen, daß der heutige Karosseriebau auf eine optimale Abstimmung aller Komponenten abzielt. Deshalb wird bei der jahrelangen Entwick-

ABC: Mercedes S-Klasse (W 126) als Pullmann-Version

lung neuer Fahrzeuge der gesamte Antriebsstrang, bestehend aus allen mit der Karosserie verbundenen Aggregaten wie Motor, Kardanwelle, Getriebe, Radaufhängungen etc., auf Resonanzschwingungen in der Karosserie und der Bodengruppe untersucht. Resonanzschwingungen entstehen durch das Eigenschwingungsverhalten eines Körpers, in diesem Fall Karosserie und Bodengruppe. Anregende Kräfte sind hierbei der Antriebsstrang selbst, also vor allem auch die Kardanwelle, und die Straßenunebenheiten, übertragen durch die einfedernden Räder und über die Radaufhängungen. Da die dünnhäutigen, gewichtsoptimierten Karosserien sehr resonanzempfindlich sind, investieren die Ingenieure in den Werken viel Arbeit, um beispielsweise Schwingungserreger aus dem Antriebsstrangbereich durch entsprechende Lagerungen und Dämpfungen zu kompensieren. Genau dieser Effekt aber kann durch eine verlängerte oder schwerere Kardanwelle wieder zunichte gemacht werden.

Allerdings entsteht ein verstärkter Resonanzbereich nicht nur bei verlängerten Kardanwellen, sondern auch beim Einbau größerer Motoren in nicht dafür vorgesehene kleinere Karosserien, wie es zum Beispiel beim Einbau eines V8-Motors in den kleinen Mercedes 190 der Fall ist. Hierbei entsteht leicht das Gefühl, der Motor laufe rauher als in der auf ihn abgestimmten S-Klasse-Verpackung.

Eine der Firmen, die ein Pullman-Angebot auf Basis der großen Mercedes-Limousine bereithält, ist ABC. Sie liefert verschiedene Verlängerungen, unter anderem auch mit Einbau zusätzlicher Türen und einer dritten Sitzreihe. Gleichzeitig lassen sich auch die Langversionen mit allen ABC-Extras für innen und außen kombinieren. Es gibt sowohl Spoilerkits für außen, als auch, passend dazu, Holz, Leder und HiFi für den Innenraum. Für den neu

Duchatelet: Mercedes S-Klasse (W 126) als Pullman-Version

geschaffenen Großraum erhält man auf Wunsch zusätzliche Kurzweil-Zutaten, wie zum Beispiel Fernseher, Bar, Video, Telefon usw.

Im übertriebenen Sinne wäre es sicher auch möglich, sich mit netten Hobbys wie Modelleisenbahn, Roulette oder Spielautomaten im neu geschaffenen Etablissement zu befassen oder ganz einfach, statt der üblichen Fondsitze, eine Bettcouch einzubauen.

Auch Duchatelets »Special Diamond« ist ziemlich lang und läßt allen Gedankenspielen, was man mit so viel Innenraum wohl anfangen könnte, freien Lauf. Der belgische Veredler füllt den reichlich vorhandenen Platz mit ausklappbaren Tischen in edelstem Holz, mit aufklappbaren Fächern für Getränkeflaschen und Gläser aus. Zusätzlich gibt es Stereoanlage, Fernseher, Video sowie eine bewegliche Trennscheibe zwischen Vordersitzen und hinterem Fahrgastraum. Schließlich lassen sich die aufgemöbelten Fahrzeuge noch mit den Duchatelet-eigenen Karosseriekits ausstatten.

Ähnlich umfangreich sieht das Programm bei Gerhard Feldeverts Firma GFG aus. Der Spezialist für Sicherheitspanzerungen und Verlängerungen baut »Pullmänner« in allen möglichen Varianten. Interessanterweise verändert er häufig auch die hinteren Türen der S-Klasse. Dies ist ein gehöriger, zusätzlicher Fertigungsaufwand, den nur wenige seiner Mitbewerber in Kauf nehmen. Das im Bild gezeigte Fahrzeug ist, sowohl zwischen vorderem und hinterem Türbereich, als auch zwischen den hinteren Türen und den hinteren Dachholmen verlängert. Ohne Änderung würde die Tür unmotiviert weit nach hinten versetzt aussehen, zumal die Zugänglichkeit der hinteren Sitzreihen wesentlich unbequemer wäre.

Den Gipfel aller Verlängerungen scheint derzeit Erich Schulz erreicht zu haben. Sein längstes Fahr-

GFG: Mercedes S-Klasse (W 126) als Pullman-Version

Schulz: Mercedes S-Klasse (W 126) als Pullman-Version, derzeit größte Verlängerung (um zwei Meter) am Markt

zeug erreicht ein Übermaß von ganzen zwei Metern gegenüber der Serienausführung.

Wer braucht eine derartige Langversion und welcher Sinn steckt dahinter?

Das erste Exemplar von Schulz wurde an einen Zahnarzt in Amerika ausgeliefert, der wohl so eine Art rollendes Behandlungszimmer für seine wohlbetuchte Kundschaft gesucht hat.

Zum »Clan der Extralangen« zählt Ronny Coachbuildings »Etoile« mit der Bezeichnung Luxury 46, ein um rund 115 Zentimeter verlängerter SEL. Die mit dritter Sitzreihe versehene Langversion kann mit allem erdenklichen Luxuszubehör innen und außen aufgeputzt werden.

Die optisch interessantesten Verlängerungen baut derzeit wohl die Firma Trasco. Auf Limousi-

Ronny Coach Building: Mercedes S-Klasse (W 126) als Pullman-Version »L'Etoile«

Trasco: Mercedes SEC-Reihe (W 126) als Pullman-Version

nenbasis gibt es eine repräsentative Langversion. Das Fahrzeug ist aufgrund seines eigenwillig gezeichneten Zwischenteiles mit den breiten verkleideten Holmen hinter den vorderen Türen sicherlich eine Augenweide für Individualisten. Doch neuerdings ließ sich Trasco ewas ganz Besonderes einfallen. Basis für das neue Langauto ist nicht mehr die Limousine, sondern das SEC-Coupé. Damit schuf die Firma wohl das mit Abstand Eleganteste, was es an S-Klasse-Verlängerungen derzeit gibt. Die Radstandsvergrößerung erfolgt durch Einsetzen eines Zusatzteiles zwischen Tür und hinterer Seitenscheibe. Dadurch wirkt der verlängerte Wagen, gepaart mit dem SEC-Bug und der flachen Coupé-Heckpartie, unheimlich fließend und gar nicht bombastisch.

Trasco verdient allein schon deshalb ein besonderes Lob, weil mit der SEC-Verlängerung eine der ganz wenigen, absolut neuen Ideen verwirklicht wurde – und das in einer Branche, die sonst vielfach vom Kopieren und Abgucken lebt.

Diesbezüglich gebührt auch dem Ideenproduzent Chris Hahn von der ehemaligen Styling Garage Beachtung. Bei seinem »Jumbo« genannten SEL-Derivat, hat er den Gedanken der zusätzlichen Zentimeter gleich auf die beiden anderen Dimensionen (Breite × Höhe) erweitert. Sein 600 SGS-Royal wird nicht nur um 60 Zentimeter verlängert, sondern gleichzeitig um 20 Zentimeter verbreitert und nimmt in der Höhe um 5 Zentimeter zu. Kostenpunkt: ab 350 000 Mark. Chris Hahn bezeichnete, nicht ganz unzutreffend, seinen Royal als »unehelichen« Nachfolger des legendären Mercedes 600.

Zu einer ganz anderen Spezies der Veredlerobjekte gehören die Flügeltüren auf SEC-Basis. Ausgangspunkt für den Bau dieser, mit enormen Kosten verbundenen, »Gullwings«, ist der immer noch legendäre Ruf der 300 SL-Sportwagen der fünfziger Jahre, die damals Ausdruck der gigantischen Daimler-Benz-Rennerfolge in einem Straßenfahrzeug waren.

Obwohl der SL-Flügeltürer nur relativ kurze Zeit gebaut wurde, und mit dem 300 SL-Roadster mit normalen Türen seinen konventionellen Nachfolger gefunden hatte, ist der Flügeltürer das Symbol für das aufstrebende, erfolgreiche Auto-Deutschland.

Erstaunlich ist, daß bei keinem Mercedes vor dem aktuellen SEC-Coupé der Flügeltürengedanke neu aufgegriffen wurde. Aber offensichtlich waren zuvor sowohl von Kundenseite, als auch von den optischen und technischen Parametern der Werksausführung her, die Voraussetzungen nicht in dem Maße gegeben. Auch nicht beim SLC-Coupé.

Als einer der ersten beschäftigte sich Chris Hahn mit der Realisierung eines Flügeltürer-SEC. Daß auch hier enorme technische Probleme auftreten, die mit dem Entfernen von entsprechenden Dachteilen sowie mit den schweren nach oben klappbaren Türen zusammenhängen, war den ersten Exemplaren durchaus anzumerken. Zumindest darf der Kunde bei Umbaukosten von etwa 35 000 bis 50 000 Mark mit Fug und Recht erwarten, daß, nach der Montage von zwei anderen Türen, das Einsteigen genauso problemlos funktioniert wie vorher. Daß dies gerade bei einem niedrigen Coupé mit begrenztem Kopfraum, der durch Versteifungen im Dachbereich nicht mehr sonderlich verkleinert werden darf, nicht einfach ist, liegt auf der Hand. Außerdem müssen die großen Kräfte und Momente der hochgeklappten Flügeltüren von den Rahmen der Frontscheibe und den seitlichen Holmen (B-Säulen) aufgenommen werden, ohne daß die Schulterfreiheit auf den Vordersitzen oder die Zugänglichkeit der hinteren Sitze eingeschränkt wird.

Vorteilhaft für die Steifigkeit ist dagegen, daß, dem sportlichen Touch des Flügeltürers entsprechend, die Seitenholme unter den Türen, wie bei vielen Sportwagen, erheblich höher gebaut und verstärkt werden können. Die Türen reichen dann allerdings bei weitem nicht mehr so weit herunter wie bei der SEC-Ausführung. Der Einstieg wird erheblich mühsamer. Deshalb nehmen dann auch einige Flügeltüren-Umbauer von dieser Versteifung Abstand und belassen es bei der weit unten liegenden unteren Türkante der Serienausführung.

Dies trifft zum Beispiel auf die Versionen von GFG und Trasco zu, während der Schweizer Top-Veredler Franco Sbarro die Variante mit vergrößerten Seitenholmen bevorzugt.

Der GFG-Flügeltürer fällt, außer durch seine nach oben schwingenden Türen, durch reichlich Spoiler und dicke Räder der Größe 285/40 R 15 (vorn) und 345/35 R 15 (hinten) auf. Die Bereifung findet dabei unter breit herausgezogenen Kotflügeln Platz.

Die Trasco »Gullwing« treibt es da schon weniger extrem. Ohne Kotflügelverbreiterungen kommt er auch auf relativ schmalen Reifen daher. Besonders fällt bei der Trasco-Ausführung das extreme Hochklappen der Türen bis fast in die Senkrechte auf.

Trasco: Mercedes SEC-Reihe (W 126) als Flügeltürer

Franco Sbarro und sein offensichtlich zum Vertrieb autorisierter Partner, der belgische Veredler Duchatelet, setzen beim Flügeltürer auf ausgedehntere Retuschen. Neben den bereits erwähnten, hohen Seitenholmen, verändert Sbarro die Optik des SEC-Coupés noch sehr stark durch ein kräftiges umlaufendes Rillenband in Seitenteilen und Heckschürze und durch ein optisch verkürztes Heck mit weniger weit überstehender Stoßstange sowie einer gleichermaßen weit nach vorn vorgezogenen Frontpartie. Außerdem führt eine stark verfremdete Lamellenfront über Kühler und Scheinwerfer sowie eine höher angesetzte Heckpartie mit flacherer Heckscheibe zu eigenständigerer Optik gegenüber dem serienmäßigen SEC-Coupé. Schließlich sitzen bei Sbarros Exemplar dicke Pneus unter breiten Radlaufverbreiterungen, was zusätzlich den Eindruck extremer Sportlichkeit verstärkt.

Das Ganze ist als »500-Portes-Papillon-Gullwing« bei Sbarro oder als »Albatros« bei Duchatelet käuflich zu erwerben. Wer allerdings nicht mindestens 250 000 Mark auf den Tisch legen kann, sollte gar nicht erst den Wunsch nach einem solchen Flügeltürer hegen. Wer darüber hinaus allerdings noch Spielraum auf seinem Bankkonto hat, kann den Mercedes-Sbarro-Sportler noch mit so kleinen Nettigkeiten wie mechanischem Fünfganggetriebe oder wahlweise 6,9 Liter-Motor beziehungsweise 400 PS-Bi-Turbo-Antrieb ausrüsten lassen. Für ein paar Mark mehr, vesteht sich, wobei jede Mark am besten noch vier Nullen hinten dran hat.

Den absoluten Knüller bei den Flügeltürern und für die meisten bei den Daimler-Benz-Umbauten derzeit überhaupt, präsentierte Franco Sbarro mit seiner »Berlina Gullwing 4«. Hinter dieser Typenbezeichnung verbirgt sich ein Mercedes 500 SEL,

Duchatelet: Mercedes SEC-Reihe (W 126) als Flügeltürer

also »Berlina«, mit Flügeltüren, also »Gullwing«, und das gleich vier Mal, also »Gullwing 4«. Hier können auch die hinteren Fahrgäste per hochklappender Pforte in den Fond einsteigen. Das »Vergnügen« gibt es bisher nur einmal – für rund 350 000 Mark.

Im Preis enthalten sind komplett geänderte Türen, die etwas schmaler als die Originale sind, weil zwischen den beiden Flügeltüren auf jeder Seite die Hydraulikzylinder zum Öffnen und Schließen installiert werden müssen und durch breitere Mittelholme die Festigkeit der Karosserie wiederhergestellt wird. Als Draufgabe und im Preis enthalten ist der größte von Daimler-Benz nach dem Krieg serienmäßig gebaute V8-Motor mit 6,9 Litern Hubraum aus der letzten S-Klasse-Baureihe.

Ein bisher einmaliges Gefährt baute die Styling Garage auf Basis eines SEC-Coupés. Im Fahrwasser des Pick-up-Booms in Amerika wurde für einen potenten arabischen Kunden das Unikat eines SEC-Pick-ups geschaffen. Dafür wurde Daimlers Teuerstem nicht nur die Heckpartie »wegoperiert« und dafür eine mit Seitenwänden beplankte Ladefläche transplantiert, sondern auch der Radstand reichlich verkürzt und anstelle eleganter Pkw-Räder wurden massig wirkende Geländewagenfelgen mit grobstolligen Offroad-Reifen montiert.

Nicht mehr einmalig, sondern offenbar der Auftakt zu einer neuen Sparte des Mercedes-Tunings, sind die Komplettautos mit Daimler-Benz-Mechanik. Voraussetzung hierfür war, daß sich die Geschäftspolitik und damit auch der Charakter der Triebwerke mit dem Stern gehörig ins Sportliche verschoben hat. Nicht nur das »Renommierstück« Vierzylinder-Sechzehnventiler, im Daimler-Auftrag von Formel 1-»Motorenpapst« Cosworth in England zur Imagepolitur des Stuttgarter Motorenbaus entwickelt, sondern auch der hubraumstarke V8-Motor hat seine Muskeln gestählt.

Sbarro: Mercedes SEC-Reihe (W 126) als Flügeltürer

Der Daimler-Achtzylinder scheint in Zukunft immer mehr die ehemals bevorzugten V8-Aggregate aus den USA bei den Kleinserien-Sportwagenbauern zu verdrängen. Dies ist insofern nicht unlogisch, als die US-Großkaliber inzwischen nur noch selten über mehr als fünf Liter Hubraum verfügen, mit ihren Stoßstangen-Motoren veraltet und ohne technischen Glanz sind, und gleichzeitig ihre Zuverlässigkeit mittlerweile auch von Daimlers V8 leicht und locker erreicht wird. Da gleichzeitig die Preise exotischer Sportwagen lässig über die 100 000 Mark-Grenze klettern, muß auch Werbung mit dem Image der eingebauten Aggregate gemacht werden. Und da stehen die Produkte der Stuttgarter Nobelmarke ganz oben in der Werteskala. Über Mercedes-Motor, -Getriebe und -Radaufhängungen zu verfügen, ist sicher prestigeträchtiger, als einen technisch überholten US-Großserien-V8 mit trägem Automatikgetriebe einzubauen.

Bei der Leonberger Firma Isdera von Eberhard Schulz und bei Mlado Mitrovics Firma Kodiak in Ostfildern, gibt es noch einen weiteren gewichtigen Grund: Beide Unternehmen sind nur wenige Kilometer vom Stuttgarter Daimer-Benz-Werk entfernt.

Eberhard Schulz, der einst maßgeblich an Buchmanns (bb Auto) Interpretation des Daimler-Benz-Versuchsträgers Mercedes C 111 – genannt bb cw 311 – beteiligt war, griff, nachdem er sich von Buchmann getrennt und selbständig gemacht hatte, die alte Idee wieder auf und baut nun seine Interpretation desselben Themas, den Imperator 108i. Dieses, stark an den cw 311 angelehnte Objekt automobilistischer Superlative, verfügt über so ziemlich alles, was gut, teuer und imageträchtig ist. Der Einstieg erinnert an die Flügeltüren nostalgischer SL-Zeiten.

Die Kraft erzeugte bisher der serienmäßige Fünfliter-V8-Motor von Daimler-Benz mit 170 kW (231

Styling Garage: Mercedes SEC-Reihe (W 126) als Pick-up-Version

PS). Dies reicht für knapp 250 km/h Spitzengeschwindigkeit und etwas über 5,0 Sekunden für den Sprint von 0 auf 100 km/h.

Es dürfte jedoch kein sonderliches Problem sein, die neuen 5,6 Liter-Aggregate von Daimler-Benz mit 200 kW (272 PS) in den Imperator zu verpflanzen. Rein rechnerisch sind damit etwa 280 km/h zu erreichen und eine Beschleunigung von 0 bis 100 km/h zwischen 4,5 und 5,0 Sekunden. Der Mercedes-Antrieb ist gekoppelt mit einem Fünfgang-Schaltgetriebe.

Für die Kraftumwandlung in Vortrieb sorgen Reifen der Dimension 285/40 R 15 (vorn) sowie 345/35 R 15 (hinten) auf Felgen der Größe 10×15 – beziehungsweise 13×15 Zoll. Die Radführung erfolgt sportwagenmäßig vorn und hinten über doppelte Dreieckslenker, einstellbare Schraubenfedern und Gasdruck-Stoßdämpfer. Der etwa 1250 Kilogramm schwere Imperator ist bei einer Breite von 1835 Millimetern, nur 4220 Millimeter lang und 1135 Millimeter hoch.

Als Preis für den Imperator in Grundausstattung, ist mit zirka 175 000 Mark zu rechnen – unter 200 000 Mark wird jedoch kaum etwas gehen. Daneben gibt es noch Leichtbauvarianten und leistungsgesteigerte Motoren gegen Aufpreis.

Von ähnlicher Machart wie die Isdera-Ausführung, scheint der Kodiak F 1 von Mlado Mitrovic zu sein. Auch bei diesem Fahrzeug stand der Mercedes C 111 Pate. Der Kodiak wird allerdings nicht ausschließlich mit Daimlers V8-Motor angeboten, sondern bezieht seine Kraft vorwiegend aus US-V8-Triebwerken mit 5,4 Litern Hubraum und einer Leistung von etwa 257 kW (350 PS). Die Fahrleistung und der Preis bewegen sich etwa auf dem gleichen Niveau wie beim Imperator.

Von ganz anderem Naturell sind die Vorstellungen von Peter Lorenz zum Thema Daimler-Benz-

Kodiak: Flügeltüren-Coupé mit wahlweise S-Klassen-Technik

Mechanik/Kunststoffhaut. Der ehemalige Ford-Mitarbeiter setzt voll auf »oben ohne« der sechziger Jahre. Sowohl sein »Silberfalke«, als auch sein »Cobra« sind kompromißlos offen. Während es sich beim Cobra um Lorenz' Interpretation des legendären AC Cobra 427 handelt, ist der Silberfalke eine Reminiszenz an den sieggewohnten »Mercedes 300 SLR«.

In beide Fahrzeuge baut Lorenz ein eigenes Rohrrahmenchassis stabilster Natur ein, in das modifizierte Radaufhängungen aus der S-Klasse installiert werden. Für den Vortrieb sorgt bisher Daimlers Fünfliter-V8-Motor mit serienmäßigen 170 kW (231 PS). Dies reicht allemal für rund 250 km/h. In Kürze dürften jedoch auch bei ihm die neuen, größeren V8-Aggregate mit 5,6 Litern Hubraum und bis zu 220 kW (272 PS) für noch vehementeren Vortrieb sorgen.

Falls Lorenz sich davon überzeugen ließe, daß ein Roadster nicht mehr als 220 km/h laufen muß, weil mehr sowieso keiner aushält, und eine ganz kurze Achse einbaut, könnte seine Cobra-Version an die sagenhaften Beschleunigungswerte des Original-AC Cobra 427 mit Siebenliter-Motor anknüpfen. Und der hat an der 4,0 Sekunden-Schallmauer gekratzt, um aus dem Stand die 100 km/h-Marke zu erreichen.

Wie wäre es?

Etwas weniger brutal geht es im Silberfalken zu. Der an die großen Sportwagenzeiten von Daimler-Benz erinnernde Blickfänger besitzt alle optischen Attribute der klassischen Pistenrenner der fünfziger und frühen sechziger Jahre. Lorenz gibt auch selbst zu, daß er ganz bewußt diesen Stil in Verbeugung vor den großen Vorbildern des Silberfalken gewählt hat. Bei der technischen Perfektion dieser Kleinstseriensportwagen kann natürlich kein Discountpreis herauskommen. So sind für die beiden

Lorenz + Rankl: »Silberfalke« mit S-Klasse-Technik

Sportler in jedem Fall etwa 200 000 Mark hinzulegen. Für ganz Knauserige gibt es den Cobra etwa zehn Prozent billiger; für Großzügige dürfen es aber auch 50 000 oder 100 000 Mark mehr sein – bei entsprechend ausgefallenen Sonderwünschen.

Wieder eine gänzlich andere Vorstellung von Daimler-Benz-getriebenen Sonderanfertigungen interpretiert der Schweizer Superveredler Franco Sbarro. Für seine ausgesucht-feine Klientel bietet er zwei Extreme an: Zum einen die Replica des legendären Mercedes 540 K aus den späten dreißiger Jahren, zum anderen den freigestylten Supersportwagen »Challenge«. Diese beiden Konstruktionen stellen wohl den krassesten Gegensatz dar, den es bei den Veredlern bisher überhaupt gab. Während der 540 K eine möglichst originalgetreue Nachbildung des klassischen deutschen Touren-Sportwagens der Vorkriegsjahre ist, handelt es sich beim Challenge um modernsten Sportwagenbau pur.

Der von Sbarro als »Einvolumen-Karosserie« bezeichnete Aufbau verfügt weder über ein Stufen- noch ein Fließheck, sondern endet abrupt hinter den Hinterrädern. Auch der Übergang von der Motorhaube zur Frontscheibe erfolgt ohne jeglichen Knick. Als Antrieb dient ein Motor aus der 500er-Serie von Daimler-Benz mit zwei Turboladern, der eine Leistung von etwa 257 kW (350 PS) erzeugt.

Inzwischen gibt es neben der kompromißlosen ersten, rein zweisitzigen Challenge-Ausführung eine 2+2sitzige, die sogar – im Gegensatz zur rein zweisitzigen Ausführung – einen kleinen Gepäckraum aufweist.

Die Kraft für den Challenge 2+2 erzeugt ein 3,3 Liter-Porsche-Turbomotor, und wird über zwei Ketten auf die Hinterachse übertragen, während der ursprüngliche zweisitzige Challenge wie beschrieben mit Mercedes-Motor und Vierrad-Antrieb ausgerüstet war.

Sbarro: Mercedes 540 K-Nachbau mit S-Klasse-Technik

Über Preise schweigt sich Sbarro vornehm aus, da fast jedes Auto individuell gebaut wird. Nicht einmal die Namen seiner Kunden gibt er normalerweise preis. Beim zweisitzigen Challenge mit Mercedes-Bi-Turbomotor und Vierradantrieb besagen die Gerüchte, daß er als Einzelstück etwa 500 000 bis 600 000 Mark gekostet hat. Demnach dürfte ein Challenge 2+2 mit Porsche-Turboaggregat und Hinterradantrieb bei zirka 350 000 bis 400 000 Mark liegen, nachdem er bisher in mindestens drei Exemplaren hergestellt wurde.

Sowohl vom Challenge 2+2 als auch von der 540 K-Peplik, gibt es bei Sbarro »Baby-Ausführungen« für die lieben Kleinen der reichen Großen. Für 35 000 bis 45 000 Mark sind dies voll funktionsfähige Nachbildungen der Sbarro-Originale in Zweidrittel-Größe. Beim Challenge 2+2 wurde hierbei vorsorglich das Dach weggelassen, um es auch den Vätern zu ermöglichen, mit dem Spielzeug für die Junioren durch die Gegend zu kurven. Der Baby-Challenge wird dabei von einem Honda-Motörchen mit 350 Kubikzentimetern Hubraum und 27 kW (36 PS) angetrieben. Außerdem bietet er eine Besonderheit, die nicht einmal die großen Originale aufweisen. Vorder- und Hinterräder lassen sich getrennt bremsen, so daß eine Drift provoziert werden kann. Ganz nach dem Motto: Früh übt sich, wer ein Pistenkönig werden will!

Aber auch Chris Hahn hatte sich an einer Komplettransformation der SEC-Karosserie versucht. Herauskam ein »Pfeil« oder englisch »Arrow« ohne »Silber-« oder sonstigen Zusatz. Er wurde in geschlossener und später in offener Form als »Convertible« vorgestellt. Mehr als die anderen Karossiers baute Hahn auf der Original-Blechhaut auf. Wesentliche Partien der Karosserie wurden dabei zumindest in der Grundstruktur vom SEC-Coupé übernommen. Dies war zum Beispiel die vordere

Styling Garage: »Arrow C II« auf SEC-Basis (W 126)

Scheibe mit Rahmen, die Türen und Teile der Kotflügel. Dagegen wurde die Frontpartie gänzlich verändert. Allerdings deutet sie – mit Klappscheinwerfern versehen – auf eine Interpretation des Daimler-Benz Versuchsträgers C 111 hin, bei dem viele gehofft hatten, er werde der 300 SL der siebziger oder achtziger Jahre.

Nach den derzeitigen Anzeichen ist damit zu rechnen, daß es noch eine ganze Reihe an Beispielen geben wird, wie das Thema »Sonderaufbauten« bei der S-Klasse von Daimler-Benz interpretiert werden kann. Besonders interessant dürfte dabei zu beobachten sein, wie die Mechanik unter vielfältigen Kunststoffhäuten verwendet wird. Sollten dann noch leistungsgesteigerte Vierventil-Achtzylinder- oder Kompressor- und Turbolader-Aggregate mit 294 bis 368 kW (400 bis 500 PS) zum Einsatz kommen, werden solche Sportwagen mit aufgeblasenen Daimler-Motoren die 300 km/h-Schallgrenze überschreiten und mit den absoluten Spitzensportwagen vom Schlage eines Ferrari GTO, Lamborghini Countach oder Porsche 959 um die Krone der besten Straßensportler wetteifern.

Der SL-Klassiker

Die traditionsreiche SL-Sportwagenreihe von Daimler-Benz, angeführt vom 300 SL-Flügeltürer und Roadster-Version (1954–63). Links oben der 190 SL (1955–63), daneben der 230–280 SL (1963–71) und rechts ein Vertreter der seit 1971 aktuellen Baureihe R 107 mit den heutigen Typen 300–500 SL.

Aktuell bis zuletzt

Die SL-Baureihe R 107 ist durch und durch Mercedes. Lange Zeit als Boulevard-Sportler verschrien, hat sie mit den Fünfliter-Motoren auch das Leistungspotential eines Sportwagens.

Daß AMG mit dem 450 SL und später 450 SL 5,0 in Leichtbauweise – Haube und Türen waren zur Gewichtsreduzierung aus Aluminium gefertigt – sogar Rennen fuhr, hat jedoch nichts daran geändert, daß er nie die Grundvoraussetzungen für einen Spitzenplatz im Tourenwagenrennsport hatte.

Dies mag vielleicht auch die Ursache dafür sein, daß die SL-Reihe – vielleicht von einer kurzen Zeit, in der das SLC-Coupé die Top-Version war, abgesehen – nie als das Spitzenmodell von Daimler-Benz galt. Es wurde ihm kurze Zeit später auch ganz klar der Rang vom SEC-Coupé abgelaufen.

Trotzdem hat die SL-Reihe ihre feste und treue Anhängerschaft, die sie wohl in erster Linie der Tatsache zu verdanken hat, daß der SL-Roadster der einzige offene Mercedes und dazu – auf den gesamten Automobilmarkt bezogen – eines der wenigen Cabrios der Oberklasse völlig ohne Bügel ist. Wenn man hierzu noch die sprichwörtliche Daimler-Qualität als weiteres Kriterium hinzuaddiert, nimmt es nicht wunder, daß die weltweit verstreute Kundschaft für lange Lieferzeiten sorgt. Aus gutinformierten Kreisen ist zu hören, daß die Produktion der derzeitigen SL-Generation (R 107) bis zum Erscheinen des Nachfolgers (R 129) bereits so gut wie ausverkauft sein soll. Und das wäre immerhin der Produktionsausstoß von zwei bis drei Jahren.

Genauso wie die Daimler-Kundschaft die SL-Reihe etwas stiefmütterlich behandelt, tun dies auch die Automobilveredler. Während sich beim SEC-Coupé Aktivität allenthalben zeigt, hält man sich beim SL allgemein sehr zurück. Man darf gespannt sein, wie dies beim Nachfolger sein wird.

Diese Reserviertheit rührt vielleicht auch daher, daß bei Neuerscheinen der SL-Reihe der Veredler-Boom noch in den allerersten Zügen lag, und als dieser voll in Gang war, nicht nur das SEC-Coupé bereits die Krone der Daimler-Palette aufgesetzt bekommen hatte, sondern die Sportwagen bereits in die Jahre gekommen waren. Immerhin sind sie bereits seit 1971 auf dem Markt und gehören damit zu einer der ältesten Fahrzeugbaureihen überhaupt. Wer also seinen schönen SL-Roadster noch schöner, exklusiver oder gar schneller machen will, hat nicht die gleiche Auswahl wie bei den Limousinen oder den SEC-Coupés.

Die alphabetische Reihenfolge der SL-Umbauer beginnt mit ABC und AMG. Bei AMG erhält der Käufer einen kompletten Karosserie-Kit, bestehend aus Frontspoiler, Seitenschweller und Heckschürze. Zusätzlich gibt es die bekannten AMG-Fünfstern-Felgen. Innenraumveredlung und Motortuning führt AMG natürlich auch beim SL durch, jedoch nicht in demselben routinemäßigen Standard wie bei den Limousinen, sondern eher auf den Einzelfall abgestimmt.

Bei Interesse an der Veredelung eines Roadsters oder SL-Coupés ist es daher ratsam, mit Firmenchef Hans-Werner Aufrecht und seinen Mitarbeitern zu besprechen, was hier mit welchem Aufwand machbar ist und was gegebenenfalls in Einzelabnahme vom TÜV abgesegnet werden muß.

Die noble Breitversion von ABC mit Heckflügel und vergoldetem Kühlergrill spricht für sich.

Ähnlich wie AMG reduziert die Firma Brabus das SL-Angebot gegenüber dem Programm an veredelten Limousinen. Als Standardteile liefert das Unternehmen Frontspoiler, Seitenschweller und Heckschürze, dazu eine Gepäckraumhaube mit Abrißkante. Den Rest gibt es weitgehend auf Anfrage – zumindest was das Motortuning und die Innenraumveredelung betrifft.

In ähnlicher Form bieten die Unternehmen D+W sowie HF ihr SL-Programm an. Beide liefern lediglich Frontspoiler, Seitenschweller und Heckschürze. Was darüber hinaus getan werden soll, ist

△ AMG: Mercedes SL-Reihe (R 107) mit AMG-Felge   ▽ ABC: Mercedes SL-Reihe (R 107) Breitversion

△ Brabus: Mercedes SL-Reihe (R 107)

▽ D+W: Mercedes SL-Reihe (R 107)

HF: Mercedes SL-Reihe (R 107)

weitgehend eine Angelegenheit des individuellen Einzelauftrags.

Der Bausatz von HF weist wieder, wie bei den anderen Mercedes-Reihen auch, das typische Rillenband rund um das Auto – ähnlich der ersten Ausgabe der aktuellen S-Klasse – auf.

In ganz anderer Manier und mit voller Wucht, schlägt Koenig Specials beim SL-Roadster zu.

Als einziger Veredler bietet das Münchner Unternehmen ein volles Programm für den Mercedes-Sportwagen.

Wie bei Koenig üblich, heißt es auch hier: »Breite voll, Leistung satt«. In Zahlen ausgedrückt: 285/40 R 15-Reifen vorn, 345/35 R 15-Reifen hinten, 213 bis 294 kW (290 – 400 PS) Leistung – je nachdem, ob Einfach- oder Doppel-Turbolader-Motor. Dies reicht zu Beschleunigungswerten zwischen 5,5 und 6,5 Sekunden von 0 auf 100 km/h und zu Höchstgeschwindigkeiten von 250 bis 280 km/h. Das sind natürlich Werte, die der aufgedonnerten Optik angemessen sind, denn rein äußerlich schaut der Koenig-SL mehr als wild aus.

Verziert wird der Wagen mit wuchtigem Frontspoiler und dicken Kotflügelverbreiterungen mit Testarossa-Rippen – also gar nicht mehr Mercedes-like dezent. Noch bulliger wirkt der Bolide mit Luft-Hutze auf der Motorhaube und dem riesigen, wie ein Tablett wirkenden, über der Gepäckraumhaube stehenden Heckflügel. Wer also einen »SL-brutal« will, kommt an Koenigs Version nicht vorbei. Voraussetzung ist allerdings, daß allein für die optische Veränderung mindestens 45 000 Mark zur Verfügung stehen.

Wesentlich ziviler geht es da wieder bei Sportservice Lorinser zu. Er bietet neben den obligatorischen Accessoires wie Frontspoiler, Seitenschweller und Heckschürze, auch die Lorinser-typische Gepäckraumhaube mit Luftabrißkante und, was

Koenig Specials: Mercedes SL-Reihe (R 107) Breitversion

kein anderer anbietet, eine SEC-gestylte Motorhaube an. Lorinser beschreibt damit die Richtung: Auch der SL soll nach SEC aussehen. Für den SL erhält man bei Lorinser außerdem in hauseigenem Stil gehaltene Felgen und auf Wunsch, wie zum Beispiel bei AMG auch, Ausstattungsaufwertungen für den Innenraum.

Auf das minimale Umbaumaß beschränkt, zeigt sich das Standardprogramm von Schulz-Tuning und Großveredler Zender. Beide bieten für die SL-Reihe Frontspoiler, Seitenschweller und Heckschürze an. Zender gibt sich dabei vom Design her recht viel Mühe, das elegante und zurückhaltende Originalbild nicht zu zerstören. Für Individualisten, die sich von den Serien-SL-Fahrern sofort deutlich unterscheiden wollen, ist ein Doppel-Rundscheinwerfer-Set bei Zender erhältlich.

Bei Schulz-Tuning – also einem auf Daimler-Benz spezialisierten Betrieb – kann davon ausgegangen werden, daß sich bei ihm auch individuelle Wünsche nach Innenraumveredelung und Motortuning erfüllen lassen. Man sollte jedoch vorher sichergehen, daß sich der TÜV mit allem einverstanden erklärt.

Der SL ist also alles in allem gesehen so etwas wie das Stiefkind in der Mercedes-Veredlergilde geblieben. Lediglich Koenig Specials aus München nimmt sich seiner herzhaft und hundertprozentig an. Dabei darf gespannt darauf gewartet werden, wie die Reaktion auf den neuen Roadster-Star ist. Vielleicht schafft er es, zumindest für kurze Zeit, dem SEC-Coupé die Krone der Mercedes-Hierarchie zu entreißen. Die Mercedes-Veredler würden es honorieren mit verstärkter Geschäftigkeit.

Franco Sbarro jedenfalls hat ein Zeichen gesetzt, indem er für einen potenten Kunden im Fernen Osten ein Unikat des klassischen 300 SL-Roadsters, auf der Basis des aktuellen 500 SL, gebaut

Schulz: Mercedes SL-Reihe (R 107)

hat. Hiermit konnte der Wunsch nach der Kombination moderner Spitzentechnologie, höchstem Komfort und der Optik vergangener Jahre erfüllt werden, ohne daß es das Ziel war, eine pedantisch genaue Replica zu bauen.

Die beibehaltene Frontscheibe und die fehlende Wölbung in der Heckpartie lassen natürlich Oldtimer-Liebhaber die Hände über dem Kopf zusammenschlagen; wer aber ein solches Auto häufig bewegt, wird auf den Fortschritt von 20 Jahren Entwicklung in der Automobiltechnik nicht unbedingt verzichten wollen.

So kam wenigstens in diesem Fall der SL zu der ehrenvollen Auszeichnung, Basis des Topveredlers zu sein.

Ausblick

Die Zukunft des Mercedes-Tunings – wie stellt sie sich dar?

Es gibt zwei Einflußfaktoren: Einerseits der Markt, andererseits die Angebotspalette von Daimler-Benz selbst und das, was die Veredler daraus machen.

Beim Markt dürfte es so sein, daß die Länder, die zum Veredlerboom geführt haben, ebenfalls wieder in zwei Gruppen aufgeteilt werden müssen. Einmal sind dies die exotischen Länder, ohne strengere Vorschriften hinsichtlich der Fahrzeugabnahme und technischer Bestimmungen. Diese Freizügigkeit hat dazu geführt, daß extreme Umbauten wie Flügeltürer, scharfkantige, sichelartige Antennen, riesige Heckflügel etc. einen Markt gefunden haben. Geographisch gesehen, fanden sich Käuferschichten zuallererst in den Ölländern rund um den Globus sowie auf einigen Inseln im Pazifik.

Desgleichen hat die Boulevard-Presse ihren Teil zur Blüte solch, eigentlich schädlicher Auswüchse beigetragen. Da sie häufig von Sensationen lebt, war nicht die seriöse technisch bemerkenswerte Entwicklung eines Veredlers interessant, sondern es wurde darüber berichtet, wenn ein Scheich sieben technisch identische Autos in sieben unterschiedlichen Bonbonfarben bei einem der Show-Tuner geordert hat. Dabei kam möglicherweise noch die Headline zum Tragen, daß der ganze Unsinn zwei Millionen Mark gekostet hat.

Berichtet wurde über tolle Ideen, Hirngespinste und technische Monster. Selbst renommierte Zeitschriften brachten auf den besten Seiten Artikel über utopische »Windeier«, die keine reelle Chance haben, einen sinnvollen Weg aufzuzeigen.

Positiv hervorzuheben sind in diesem Sinne einige Autofachzeitschriften, die sich dieser Unsitte nicht angeschlossen haben.

Allgemeine Erwartung

Was bleibt, ist die Mentalität der Käufer aus der zweiten Ländergruppe. Schon allein bedingt durch die notwendige technische Abnahme in den Ländern Mitteleuropas, ist es zwangsläufig nicht möglich, verkehrsgefährdende Bauteile zu entwickeln, da sie keine Chance auf Genehmigung und damit größere verkäufliche Stückzahlen haben. Zwar gibt es immer wieder Firmen, die ungenehmigtes Zubehör herstellen und vertreiben, aber eine solche Tätigkeit ist zumeist schon kurze Zeit später beendet, weil die Öffentlichkeit darüber aufgeklärt wird, daß die entsprechenden Fahrzeuge mit diesen Teilen bei einer Verkehrskontrolle stillgelegt werden können.

Hier spielt einmal mehr die Bundesrepublik Deutschland den Vorreiter für alle Staaten. Das

AMG: Variabler Frontspoiler, fährt mit zunehmender Geschwindigkeit nach unten aus.

Brabus: Der umgerüstete Mercedes 230 E (W 124) erzielte bei Messungen im Windkanal von Daimler-Benz einen c_w-Wert von 0,26. Das war 1985 der beste Wert einer Serien-Limousine.

Resultat ist, daß inzwischen viele Teile im Ausland problemlos abgenommen werden, wenn ein deutsches TÜV-Gutachten vorliegt. Viele Länder übernehmen inzwischen die deutschen TÜV-Abnahmebestimmungen oder gleichen die eigenen an die deutschen an. Werden die technischen Bedingungen für KfZ-Anbauten und -Änderungen so streng wie in der Bundesrepublik überwacht und eingehalten, gibt es eigentlich auch keine Bedenken, an Autos nachträgliche Veränderungen gegenüber der Serie vorzunehmen oder gar gänzlich eigenständige Einzelstücke zu bauen.

Zwar sind die Kosten für eine Einzelabnahme enorm, aber was spricht dagegen, ein solches Unikat für den Verkehr freizugeben, wenn es die technischen Bestimmungen genauso einhält, wie ein Großserienmodell.

Neben den Karosserieanbauteilen wie Frontspoiler, Heckschürze und Seitenschweller, geänderten Motor- und Gepäckraumhauben etc., die heute fast selbstverständlich bei allen seriösen Veredlern über ein TÜV-Gutachten verfügen, gibt es einige besondere Lieblingskinder der Showtuner, die nicht so einfach vom Gesetzgeber genehmigt werden. Meist ist ihre Straßenzulassung überhaupt nicht möglich, oder mit solch hohen Kosten verbunden, daß die Produkte unverkäuflich werden. Hierzu gehören zum Beispiel die riesigen Flügel, die wie Tabletts zwanzig Zentimeter über der Gepäckraumhaube thronen oder »aufgepustete« Motoren,

AMG: Umgebauter Mercedes-Motor 2.3–16 (Gruppe A-Rennmotor). Leistung über 240 PS bei zirka 7500/min, maximales Drehmoment etwa 255 Nm bei ungefähr 6000/min.

die zwar mittels Turbolader oder mechnischem Kompressor auf doppelte Leistung getrimmt werden, aber nie und nimmer die Chance haben, in der jetzigen Ausführung die Hürden Abgastest und Lärmgrenze zu nehmen.

Mit dem abnehmenden Marktpotential in den exotischen Ländern, das durch Kunden in Japan, USA, Australien, Großbritannien und im südlichen Europa abgelöst wird, nimmt auch die Bedeutung des maßvollen, technisch Tunings zu.

Showtuning wird seine Grenzen in Breitversionen finden, sofern sie nicht nur Optik sind, sondern sich noch alltagstauglich verwenden lassen. Dies betrifft sowohl die Kosten als auch die Fahreigenschaften und den Bedienungskomfort. Der Schwerpunkt wird jedoch auf sehr dezenter optischer Veredelung liegen, frei nach dem Motto: Der feine Unterschied macht's.

Die Tendenzen beim Motortuning dürften ähnlich gelagert sein. Einerseits einige Wenige, die maximale Leistung innerhalb der gesetzlich möglichen Grenzen wollen – das Ganze verbunden mit hohen Kosten. Andererseits eine maßvolle Leistungssteigerung, die den Gebrauchseigenschaften im täglichen Betrieb keinen Abbruch tun, sondern das Leistungspotential eben spürbar über das der Serie anheben. Im letzteren Fall dürfte es nicht einmal dem nachträglichen Tuning Abbruch tun, falls die Werke selbst stärkere Versionen auf den Markt bringen. Kommt zum Beispiel werksseitig ein 190 E 3.0 mit 132 kW (180 PS) ins Angebot, fallen zwar getunte Motoren mit 2,3 beziehungsweise 2,6 Litern Hubraum und mit gleicher Leistung weg, aber dafür gibt es dann eben 154 kW (210 PS)-starke Dreiliter-Aggregate.

Die Schlagworte für das Tuning der nächsten Jahre sind:

- **Aerodynamik für die technischen Optiker**
- **Breitsein für die Showtuner**
- **Alltagstauglichkeit für die dezenten Motortuner**
- **TÜV-Tauglichkeit für die Leistungsfetischisten unter den Tunern**

Gute Beispiele der jüngsten Vergangenheit sind die Windkanal-Werbeanzeigen von AMG, Brabus und Lorinser. Alle sind sie bei der neuen Mittelklasse W 124 entstanden. Brabus baute lange Zeit die Werbung auf dem selbsternannten »c_w-Weltrekord« für Serienlimousinen auf.

Ebenfalls bei AMG wurden drei neue Runden im Tunerkarussell eingeläutet: Der V8-Vierventiler als Vorreiter eines möglichen Werksmotors mit ebenfalls 32 Ventilen, das computergesteuerte Fahrwerk, an dem bei den großen Automobilwerken ebenfalls überall gearbeitet wird und das mit Sicherheit nach entsprechender Reife zumindest in den Topmodellen in Serie gehen wird, und schließlich als »King of the Road« der 300 km/h-schnelle W 124 mit 5,6 Liter-V8-Vierventilmotor. Dies sind die derzeitigen Highlights der Veredlergilde, die als Standard der nächsten Jahre angesehen werden müssen. Bezeichnenderweise sind sie zunächst für die S-Klasse konzipiert gewesen, die Hochgeschwindigkeitsvariante läßt sich jedoch wesentlich einfacher mit dem aerodynamisch ausgefeilteren, neusten Daimler-Benz-Modell verwirklichen.

Der W 124 bietet nicht nur den durch die äußere Hülle gegebenen besseren c_w-Wert als Ausgangsbasis, sondern stellt, obwohl in der Modellhierarchie niedriger angeordnet, die besseren Voraussetzungen für gute Fahreigenschaften bei hohen und höchsten Geschwindigkeiten bereit. Hier ist es nicht notwendig, mit motorischer Brachialgewalt die Schallmauer zu durchbrechen, sondern die notwendige Leistung läßt sich elegant durch die hervorragende Aerodynamik begrenzen.

Rechnet man die Leistung des W 124 zum Erreichen der 300 km/h-Grenze auf die S-Klasse um, so kommen dort, anstelle der 265 kW (360 PS), bei der neuen Mittelklasse etwa 380 kW (520 PS) heraus, wenn davon ausgegangen werden kann, daß die Werksangaben für das Topmodell der S-Klasse stimmen, und sich bei den Tuningmaßnahmen der Luftwiderstand und die übrigen Fahrparameter nicht wesentlich ändern.

Das heißt, die kommende Kompressor- oder Bi-Turbo-Generation der Tuner auf Basis des 5,6 Liter-Triebwerkes, mit voraussichtlich 367 kW (500 PS), wird auch die S-Klasse nahe an die Schallmauer bringen. Aber eben mit Brachialgewalt, die sich auf Getriebe, Fahrwerk und damit in aller Regel auf die Lebensdauer und Alltagstauglichkeit negativ auswirken wird, denn es ist nicht anzunehmen, daß genügend Potential bei allen Veredlern vorhanden sein wird, diese ganzen Aggregate gegen höher belastbare zu tauschen, ganz davon abgesehen, daß es fast keine solchen Bauteile für Leistungen von 500 PS am Markt zu kaufen gibt. Und wenn, stammen sie aus dem Rennsport oder aus Kleinstserien, und es muß daran gezweifelt werden, daß sie so zuverlässig und servicefreundlich wie die Serienaggregate ausgelegt sind.

Beim Mittelklasse-Mercedes W 124 mit 265 kW (360 PS) Leistung aus 5,6 Litern Hubraum, ist es dagegen noch möglich, mit dem Seriengetriebe und mit Fahrwerksteilen aus der S-Klasse auszukommen, gegebenenfalls leicht verstärkt.

Beim kleinen Mercedes 190 scheint der Tunermarkt weitgehend ausgereizt. Es ist kaum noch etwas denkbar, ohne daß vom Werk neue Varianten kommen, das echte Neuheiten auf den Markt gebracht werden könnten.

Der W 124, die neue Mittelklasse, ist Daimlers derzeit modernste Baureihe. Es gibt bei ihr schon vieles von dem, was der Tuningmarkt hergibt. Was jedoch mit Sicherheit noch kommen wird, sind weitere Hochgeschwindigkeitsvarianten wie bei AMG mit einer Spitze von nahezu 300 km/h, verlängerte Versionen auf Limousinenbasis und die Ableger der Coupé-Ausführung, vor allem die Cabrios, vielleicht sogar ein Flügeltürer.

Auf Basis der S-Klasse ist ebenfalls nahezu nichts Neues mehr denkbar. Auf der Motorseite wird sicherlich das neue 5,6 Liter-Aggregat des Werkes zu einem Leistungssprung der Extremen von 294 kW (400 PS) auf 367 kW (500 PS) führen.

Außerdem ist bei allen drei Limousinen-Baureihen aufgrund der hochaktuellen Motoren- und Fahrwerkstechnik damit zu rechnen, daß sie als Basis für Komplettautos, insbesondere Kleinserien-Sportwagen, genommen werden.

Beim Motortuning wird wohl vielfach auf mechanische Lader anstelle der Turboaufladung zurückgegriffen, weil sie nicht nur erheblich kostengünstiger, sondern auch technisch weit problemloser zu handhaben sind.

Bei der Sportwagenbaureihe SL ist nicht mehr mit großen Neuentwicklungen zu rechnen, da sie in absehbarer Zeit einen Nachfolger bekommen wird, der eine technische Spitzenstellung unter seinesgleichen einnimmt.

Und hieraus werden sich wieder neue Perspektiven für die Spitzenveredler ergeben, wie sie bisher noch nicht vorhanden waren. Dasselbe gilt wohl auch für das Nachfolgemodell der jetzigen S-Klasse. Bei den Veredlern muß es deshalb jetzt schon heißen: Abwarten und Vordenken.

Neue S-Klasse (W 140)

Über die neue Daimler-Benz-S-Klasse, intern »W 140« genannt, ist zwar noch nicht allzuviel Konkretes bekannt, aber soviel steht fest: Auch sie wird wohl wieder der »Star unter den Sternen« sein.

Mit Sicherheit gibt es bereits jetzt einige Fakten, die die Herzen der Veredler höherschlagen lassen.

Rein äußerlich kann davon ausgegangen werden, daß die neue S-Klasse vom Karosseriekonzept, hinsichtlich dynamischer Optik, alles bisher Dagewesene der obersten Limousinen-Kategorie in den Schatten stellen wird. Zumindest werden, wie beim Baby-Benz und der neuen Mittelklasse, die Voraussetzungen dazu gegeben sein, denn bei ihnen ist bereits zu sehen, was aus der serienmäßig eher konservativen und zurückhaltenden Karosserie mit den Stylingelementen der Veredler zu machen ist.

Die alte Sonderausführung von Daimler-Benz: Mercedes 600. Der hintere Teil war hier mit einem Faltverdeck versehen, das bei entsprechenden Anlässen heruntergeklappt werden konnte. Diese Pullman-Version hatte, gegenüber der Normalausführung, einen um 700 Millimeter längeren Radstand.

Schon reines Tieferlegen und breite Felgen in Verbindung mit einer Lackierung der Stoßfänger läßt die Keilform voll zu Tage treten.

Da auch die neue S-Klasse über ähnliche Stylingelemente verfügen wird, ist davon auszugehen, daß sie vom optischen Gesamteindruck her ähnlich wie die beiden kleineren Limousinen wirkt, nur eben viel gewaltiger.

Gleiches gilt in noch verstärktem Maße für das SEC-Coupé.

Daß die Veredler, sofern das Werk hier nicht einen ausreichenden Markt für Eigenentwicklungen sieht, Cabrios und Verlängerungen bauen werden, ist ebenso vorauszusehen, wie Flügeltüren-Coupés – wahrscheinlich auch als Vier-Flügler nach Vorbild von Franco Sbarros »Berlina Gullwing 4« auf Basis der derzeitigen S-Klasse-Limousine, denn was ertragsverdächtig erscheint, taucht in der Branche bald an anderer Stelle, zumeist leicht abgeändert, wieder auf.

Platz ist auch für die Chris Hahn-Idee der aufgeblasenen Limousine, quasi als Über-Mercedes.

Es ist kaum anzunehmen, daß Daimler-Benz ein Modell bringt, das noch größere Abmessungen als die SEL-Limousine bietet, also als Nachfolger des Mercedes 600 angesehen werden kann. Dies könnte höchstens der Fall sein, wenn tatsächlich der Zwölfzylinder-Supermotor in der neuen S-Klasse erscheinen sollte. Dann bietet sich selbst für das Werk ein solches Spitzenmodell an, wenn es mit vernünftigem finanziellen Aufwand in der bekannten Daimler-Qualität zu fertigen ist.

Sollte der Zwölfzylinder in Produktion gehen, hierfür aber keine eigenständige größere Karosserie vorgesehen sein, eröffnet sich für die Veredler eine neue und äußerst lukrative Spielweise mit der Überschrift: Wer baut den voluminösesten Mercedes?

Es darf dann wie beim Styling Garage-Royale das Werksauto in drei Ebenen vergrößert werden: In Länge, Breite und Höhe.

Heraus kommen wird ein echtes »Riesenbaby«, das von den Dimensionen her einer Rolls-Royce-Limousine in nichts nachstehen wird.

Für die neue S-Klasse werden wohl alle Show-Tuner von vornherein auf Breitversionen mit maximalen Reifenabmessungen, also vorn 285/40 R 15 und hinten 345/35 R 15, setzen, so daß auch hier keine Besonderheit mehr geboten ist.

Großzügig gestalteter Innenraum des alten Mercedes 600 Pullman. Hinter der Trennscheibe gab es eine Bar, eine Gegensprechanlage, ein Radio und herausklappbare Notsitze.

Vielleicht fällt einem Tuner dann ein, hinten Zwillingsreifen mit zum Beispiel zweimal 205/50 R 16 oder zweimal 225/50 R 16 und vorn 345/35 R 15 aufzuziehen. Denn mit Vierradantrieb, Antischlupfregelung und einer Motorleistung von 500 bis 600 PS, ist sowieso ein derart großer Leistungsschub vorhanden, daß sich auch noch ein zweieinhalb Meter breiter SEC mit zwei Tonnen Leergewicht befriedigend auf 100 oder 200 km/h beschleunigen läßt und locker über 260 km/h erreicht.

Nur werden dann so langsam unsere Straßen zu schmal. Und es gilt die Vorschriften für Lkw zu beachten, da die Breite über zwei Metern liegt. Im Zweifelsfall gibt es in den USA auch noch genügend Salzseen mit breiten Pisten.

Aber Spaß beiseite – oder besser: Den Teufel an die Wand gemalt –, durch die zu erwartende Vierventiltechnik in allen Daimler-Benz-Spitzenmodellen der einzelnen Baureihen werden nicht nur von Haus aus bereits enorm hohe Leistungen erreicht, sondern es bieten sich den Tunern geradezu ideale Voraussetzungen für Leistungssteigerungen wie sie vor einigen Jahren nur in Triebwerken für den Rennsport anzutreffen waren. Hinzu kommt, daß offensichtlich ein Daimler-Benz-Vorstandsbeschluß besteht, der besagt, daß vom Werk aus die Höchstgeschwindigkeit der Serienmodelle auf 250 km/h begrenzt werden soll, um weitere Eskalationen, wie sie derzeit auftreten, zu verhindern, die nur wieder ein Tempolimit nahelegen würden.

Da das Leistungspotential für wesentlich höhere Top-speeds vorhanden ist, soll eine theoretische Höchstgeschwindigkeit mit angegeben werden. Dies würde dann etwa so aussehen, daß ein S-Klasse-Topmodell mit Vierventil-V8-Motor oder mit Zwölfzylinder-Aggregat zum Beispiel 265 kW (360 PS) hat, die für etwa 280 km/h Höchstgeschwindigkeit ausreichen, wenn man von den Leistungsdaten des jetzigen 5,6 Liter-Motors ausgeht und annimmt, daß sich der c_w-Wert erheblich verbessert.

Durch die Motorelektronik wird die Benzinzufuhr

Styling Garage: In Länge, Breite und Höhe vergrößerte S-Klasse-Limousine (W 126)

bei 250 km/h so gedrosselt, daß nicht mehr drin ist. So würde dann angegeben, daß dieses Modell »theoretisch« 280 km/h schnell ist. Möglicherweise, und das wäre noch interessanter, wird eine theoretische zulässige Höchstgeschwindigkeit des Herstellers für ein bestimmtes Modell angegeben, die in diesem Fall zum Beispiel bei 300 km/h liegen könnte.

Die Konsequenzen aus solchem Treiben wären einerseits, daß die Tuner ein neues Betätigungsfeld hätten, sozusagen »Tuning by Electronics«. Dies würde bedeuten: Wenn es gelingt, die Elektronik umzuprogrammieren und für ausreichende Einspritzmenge zu sorgen, läuft nach obigem Beispiel das Auto allein schon mit der Serienleistung 30 km/h schneller, es sei denn, es werden noch andere Hürden wie zum Beispiel Drehzahlbegrenzer, kurze Getriebeübersetzungen oder ähnliches eingebaut. Allerdings wäre dann die Angabe der theoretischen Höchstgeschwindigkeit nicht korrekt.

Ein anderer, für die Tuner dagegen sehr unerfreulicher Aspekt, könnte die theoretische zulässige Höchstgeschwindigkeit für ein bestimmtes Modell werden, denn diese Angabe müßte theoretisch und/oder praktisch fundiert sein, was beim enormen Kenntnisstand der großen Automobilkonzerne sicher möglich wäre. Der TÜV könnte sich bei Leistungssteigerungen über solche Grenzwerte kaum hinwegsetzen, da sie sicher in Abstimmung mit ihm ausgearbeitet würden.

Für die Tuner wäre damit in den meisten Fällen bereits von vornherein die Grenze angegeben, bei der eine Leistungssteigerung, die sich in der Höchstgeschwindigkeit auswirkt, nicht mehr zugelassen wird. Der Ausweg könnte dann nur sein, das Augenmerk auf die Beschleunigung zu legen, zumal bei der neuen S-Klasse-Generation auch gigantische Anfahrkräfte mittels Vierradantrieb auf die Straße übertragen werden können.

Neuer SL (R 129)

Was für die neue S-Klasse W 140 gesagt wurde, gilt ähnlich auch für die neue SL-Reihe (R 129), da beide wohl wieder über die gleichen Motoren-Baureihen verfügen werden.

Was das optische Erscheinungsbild betrifft, wird der neue SL wieder ein echter Sportwagen von internationalem Maßstab sein und wesentlich weniger ein gemütliches Cabrio mit sattem V8-Motor wie der jetzige Roadster.

Die Karosserie drückt von vornherein bereits sehr viel Dynamik aus. Auch sie besitzt die betonte Keilform der neueren Daimler-Benz-Generation.

Hinzukommt, daß der Vorderwagen sehr tief und breit, das Heck aber relativ hoch, kurz und kantig gezeichnet ist.

Die Veredler werden sich also sehr leicht tun, durch Betonung dieser Stilelemente ein mehr oder weniger elegantes, aber stets sportlich-dynamisch bis aggressiv aussehendes Gesamtbild zu schneidern.

Falls wieder eine SLC-Coupé-Variante gebaut werden sollte, bietet sie sich natürlich noch mehr als das SEC-Coupé als Basis für einen Flügeltürer an. Sie wäre nach 30 Jahren wohl der erste, echte 300 SL-Nachfolger mit sportlichem Äußeren, sportlichem Fahrwerk und sehr leistungsfähigen Motoren.

Vielleicht überlegt sich deshalb bereits vorher einer der Veredler, ob es für den Fall, daß das Werk nur einen Roadster mit Hardtop baut, nicht möglich wäre, dem Frischluftauto ein festes Dach mit Flügeltüren zu verpassen, um auf diese Art den 300 SL-Nachfolger auf jeden Fall als »Phoenix aus der Asche« auftauchen lassen zu können.

Wie bei der Mercedes-Mittelklasse W 124, werden sich wohl alle Veredler auf den neuen Sportwagen stürzen. Auch hier werden sich wie bei der neuen S-Klasse zwei Stilrichtungen durchsetzen, einmal dezent-unauffällig, einmal so breit wie möglich. Mit Sicherheit werden sich viele Mercedes-Veredler sofort mit beiden Varianten beschäftigen, um ja den gesamten Markt der optischen Veränderungen schnellstmöglich abzudecken.

Bei den Technikern ist zu erwarten, daß computergesteuerte Fahrwerke wie bei der S-Klasse angeboten werden.

Die Fahrleistungen werden aufgrund der geringeren Stirnfläche gegenüber der S-Klasse und dem etwas niedrigeren Gewicht noch höher, bei gleicher Leistung, ausfallen. Gegenüber der jetzigen S-Klasse, wird der Vorsprung der Fahrleistungen sogar noch etwas höher sein, weil der neue SL einen erheblich besseren c_w-Wert besitzt. Dieser dürfte jedoch bei der neuen S-Klasse in etwa gleicher Höhe angesiedelt sein.

Beim Motor dürfte, bevor das Werk den Vierventiler bringt, die Firma AMG sicher einen erheblichen Technikvorsprung besitzen, der von den anderen Tunern nur leistungsmäßig durch Turbolader oder mechanischen Kompressor ausgeglichen werden kann.

Die Krönung der ersten SL-Tuner-Generation dürfte daher ein SL-Flügeltürer mit computergesteuertem Fahrwerk in dezenter Breitversion mit Reifengrößen 265 oder 285/40 (hinten) und einem 5,6 Liter-V8-Vierventiler von AMG sein.

Für weitere Steigerungen dieses Superlativs bleibt dann die zweite Generation.

Die neue SL-Reihe (R 129), frühestens 1988 auf dem Markt, mit extremer Keilform und minimalem c_w-Wert. Dazu gibt es elektrisch versenkbares Verdeck und automatisch ausfahrender Überrollbügel. In Coupé-Ausführung (Autorenvorstellung) ein beliebtes Tuning-Objekt der Zukunft.

Die neue SL-Reihe (R 129) in veredelter Form, wie es sich die Autoren vorstellen können.

Schlußwort

Daimler-Benz-Tuning, der Griff nach den Sternen, hätte vor einigen Jahren ungläubiges Kopfschütteln ausgelöst. Inzwischen aber hat sich diese Marke als Basis für das Tuninggeschäft Nummer eins herauskristallisiert.

Bei keinem anderen Fabrikat wird heute stückzahlmäßig so häufig, wertmäßig so teuer und technisch so aufwendig nachträglich verändert, wie bei den Mercedes-Modellen.

Dabei fing alles so harmlos an. Daimler-Benz brachte einen leistungsstarken 6,3 Liter-Motor in einer relativ leichten Karosserie: Das war 1969. Und plötzlich gab es wieder die Sehnsucht nach Daimlers auf der Rennpiste, trotz ungünstiger Ausgangsbedingungen, denn schließlich schleppte diese Limousine selbst im Renntrimm noch gut 1,5 Tonnen mit sich herum.

Aber die Leistungs- und Siegeshungrigen unter den Mercedes-Fans gaben keine Ruhe, allen voran AMG-Chef Hans-Werner Aufrecht.

Bald stellte sich heraus: Was auf der Piste gut ist und zu respektablen Achtungserfolgen beigetragen hat, ist auch gut für das Straßentuning geeignet.

Der Hunger nach mehr Leistung trat in den Vordergrund.

Und dann gab es das zweite Phänomen: Optische Retuschen, das Streben nach Individualität, der Wunsch, sich auch beim Auto vom Nachbarn etwas zu unterscheiden.

Das Ergebnis war das optische Tuning, das primär nicht unbedingt einen technischen Sinn ergeben muß, sondern einfach die Freude daran, selbst etwas für das persönlichere Erscheinungsbild der geliebten Blechkutsche tun zu können, ohne dabei gleich das gesamte Bankkonto plündern zu müssen und ohne Einschränkung der Alltagstauglichkeit durch technische Änderungen.

Nachdem sich auch der anfänglich mehr als zurückhaltende TÜV immer mehr mit optischen Änderungen anfreunden konnte und gleichzeitig durch den gestiegenen Dollarkurs und sprudelnde Ölmilliarden der Bau nie für möglich gehaltener Exoten forciert wurde, kam die Show-Tuning-Branche zu ungeahnter Blüte.

Gleichzeitig nahm vorübergehend das Interesse am Motortuning ab, nachdem das Gerede über Tempolimit und Katalysator Geschwindigkeiten über 100 km/h für alle Zukunft illusorisch erscheinen ließen.

Mit der definitiven Entscheidung, kein Tempolimit einzuführen, und der technischen Feststellung, daß sehr wohl auch getunte Motoren sehr umweltfreundlich sein können, stieg in kürzester Zeit auch das Interesse an Leistungssteigerungen wieder rapide an.

Gleichzeitig brachen, mit sinkendem Dollarkurs und parallel dazu abgestürztem Rohölpreis, die Hauptmärkte für Show-Tuning, nämlich die arabi-

Daimler-Benz: Mercedes-Versuchswagen C 111 mit Dreischeiben-Wankelmotor und Flügeltüren.

schen Ölländer und die USA, zusammen.

So werden die »Extremoptiker« in Zukunft aus ihren aufgeblähten Firmen etwas die Luft herauslassen müssen, und das Automobilveredeln wird wohl wieder stark europäisch zurückhaltend.

Der Trend zu mehr technisch begründbaren, nachträglichen Änderungen, zu gediegener Verfeinerung von Exterieur und Interieur sowie zu Breitversionen für einige wenige Kunden, dürften für die absehbare Zukunft bestehen bleiben.

Und bei all dem wird der Stern ganz oben bei den Veredlern glänzen, genauso wie deren Augen, wenn Daimler-Benz ein neues Modell auf die Straße läßt. Dann werden wieder viele Arme ausgestreckt und viele Hände öffnen sich zum »Griff nach den neuen Sternen«.

Die Anschriften

ABC
ABC-Exclusive Tuning Company,
Südstraße 110, 5300 Bonn 2

AIRPRESS
Airpress Automobiltechnik GmbH,
Postfach 2149, 6078 Neu-Isenburg

AMG
AMG Motorenbau GmbH,
Daimlerstraße 1, 7151 Affalterbach

APAL
Automobile Apal S.A., 25, Rue de la Fontaine,
4570 Blegny, Belgien

ASS
ASS Aerodynamic Styling,
Röntgenstraße 16, 8047 Karlsfeld

BBS
Firma BBS,
Postfach 47, 7622 Schiltach

BENNY S-CAR
Technik+Design Team GmbH,
Löhndorfer Straße 178, 5650 Solingen-Aufderhöhe

BICKEL
Bickel-Tuning GmbH,
Hindenburgstraße 20, 7597 Rheinau-Helmlingen

BRABUS
Brabus GmbH Mercedes-Tuning,
Kirchhellener Straße 246, 4250 Bottrop

BRINKMEYER
Brinkmeyer GmbH & Co. Kunststoffe KG,
Krechenhof 1, 4952 Porta Westfalica

CAR DESIGN SCHACHT
Car Design Schacht,
Taunusstraße 31, 8000 München 40

CARLSSON
Carlsson Motorsport,
Rehlinger Straße 14, 6645 Beckingen

CARUNA
Carrosserie Caruna AG,
Aspstraße 8, 8957 Spreitenbach, Schweiz

D+W
D+W Auto, Sport+Zubehör GmbH,
Fritz-Reuter-Straße 64, 4630 Bochum 6 (Wattenscheid)

DAIMLER-BENZ
Daimler-Benz AG,
Mercedesstraße, 7000 Stuttgart 60 (Untertürkheim)

DUCHATELET
Duchatelet S. A., 116,
Rue de Liege, 4500 Jupille (Liege),
Belgien

ES
ES Autozubehör,
Holzhausener Straße 42, 8265 Neuötting

GEMBALLA
Gemballa Automobilinterieur,
Böblinger Straße 11, 7250 Leonberg

GFG
GFG Turbo Technik, G. Feldevert + Co.,
Amelandsbrückenweg 93, 4432 Gronau-Epe

HASLBECK
Haslbeck,
Töginger Straße 156, 8620 Müldorf

HF
HF Auto-Spezial-Service,
Sprendlinger Landstraße 171, 6050 Offenbach am Main 1

ISDERA
Isdera GmbH,
Büsnauer Straße 40, 7250 Leonberg 7 (Warmbronn)

KAMEI
Kamei GmbH & Co. KG,
Postfach 3580, 6200 Wiesbaden 1

KODIAK
Speed + Sport GmbH,
Postfach 412, 7000 Stuttgart 1

KOENIG SPECIALS
Koenig Specials GmbH-Car Tuning,
Flössergasse 7, 8000 München 70

KÖNIG
Richard König,
Talstraße 8, 7141 Beilstein

KUGOK
Kugok GmbH,
Kronenstraße 28, 7000 Stuttgart 1

LORENZ + RANKL
Lorenz + Rankl GmbH + Co. Fahrzeugbau,
Postfach 1648, 8190 Wolfratshausen

LORINSER (SPORTSERVICE LORINSER)
Autohaus Lorinser,
Kleine Röte 2, 7050 Waiblingen;
An der B 14, 7057 Winnenden

LOTEC
Lotec GmbH Kurt Lotterschmid,
Staatsstraße 42, 8208 Kolbermoor

MAE
MAE Automibilumbauten,
Amerikastraße 26, 7300 Esslingen

MTS
MTS GmbH,
Postfach 2240, 7056 Weinstadt-Endersbach

OETTINGER
OKRASA, Dipl.-Ing. Oettinger GmbH & Co. KG,
Max-Planck-Straße 36, 6382 Friedrichsdorf

RONNY COACH
Ronny Coach Building Company L'Etoile,
Brugsesteenweg 211, 8242 Roksem, Belgien

SBARRO
Atelier de Construction
Automobile Sbarro, 1422 Les Tuilleries-de-Grandson, Schweiz

SCHULZ
Schulz-Tuning,
Püllenweg, 4052 Korschenbroich 2

SKV
SKV-Styling,
Fabrikstraße 1, 6751 Schopp

TAIFUN
Taifun Vertriebs GmbH,
Hanauer Landstraße 151–153, 6000 Frankfurt 1

TRASCO
Trasco Export GmbH,
Steindamm 38, 2820 Bremen

TURBO-MOTORS
Turbo Motors GmbH,
Puderbacher Straße 8, 5419 Urbach

VESTATEC
Vestatec Schwien & Körning GmbH & Co. KG,
Karlstraße 2, 4353 Oer-Erkenschwick

ZENDER
Zender GmbH,
Florinstraße/Industriegebiet, 5403 Mülheim-Kärlich

Die Autoren

Rudolf Heitz, Ehningen/Stuttgart. Jahrgang 1943. Hannoveraner.
Erlernte das Kfz-Handwerk von der Pike auf. Dem Studium des Maschinenbaus folgten Schnupperjahre im Stahl- und Betonbau, in der Elektrobranche sowie als selbständiger Unternehmer. Nach journalistischen Anfangsjahren im »Krafthand-Verlag«, zuerst Mitarbeiter mehrerer technischer Fachzeitschriften, dann Redakteur der Motor Presse Stuttgart, seit 1975. Von der Redaktion mot – zuletzt als Ressortleiter Test – wechselte er 1980 als Ressortleiter in die »auto katalog«-Redaktion. Seit 1982 leitet er die Jahrespublikation als Geschäftsführender Redakteur; seit Anfang 1985 als Chefredakteur.

Thomas Neff, Tamm/Stuttgart. Jahrgang 1947. Pforzheimer.
Studierte Maschinenbau an der Technischen Universität in Karlsruhe bis zum Diplom. Zwölf Jahre leitende Position in der blechverarbeitenden Industrie, Gründung einer eigenen Firma für maßvolle Automobilveredelung 1983. Schon in jungen Jahren interessierte er sich für die Auto-Karosserie, für Auto-Design. Später zeichnete er Modellvarianten sowie Ableger vorhandener Serienautos und schickte sie an die Automobilwerke.

Die edelsten Automobile der Welt

DIE SCHÖNSTEN AUTOS DER WELT
Außergewöhnliche Automobile unserer Zeit
Von P. Vann und D. Maxeiner
Peter Vann und Dirk Maxeiner beobachten nun seit 15 Jahren die Excentriker der Automobil-Branche. Sie schufen mit ihrem neuen Werk eine phantastische Galerie rollender Skulpturen.
In dem großformatigen Prachtband erlebt man unmittelbar die schönsten, schnellsten und wertvollsten Autos der Welt.
222 Seiten mit 205 z. T. großformatigen Farbbildern, Großformat, gebunden, DM 58.–

ADEL AUF ASPHALT
Die Automobil-Elite
Von Alberto Martinez und José Rosinski
Der internationale Hochadel unter den Automobilen! Von Aston Martin, BMW bis zu Ferrari und Porsche.
In fantastischen, großformatigen Farbbildern werden diese Aristokraten voll Schönheit und Kraft – die stärksten und schnellsten Automobile der Welt – vorgestellt. Selbstverständlich entsprechend erläutert und durch wichtige technische Daten ergänzt.
190 Seiten, 149 Farbbilder, gebunden, DM 59.–

TRAUM-FERRARI FÜR SPORT UND REISE
Von Antoine Prunet
Hier werden alle Touring-Modelle einzeln beschrieben und in Fotos großzügig vorgestellt. Angefangen von dem während des Winters 1946 entstandenen *125 Sport* bis zu den neuesten Modellen der Ferrari-Produktion, dem *308, 400,* und *512,* von denen jedes faszinierender und womöglich noch perfekter ist als sein Vorgänger.
Ein Prachtband über die wahrhaft königlichen Auto-Schöpfungen aus Italien.
446 Seiten, 445 Schwarz-weiß-Abbildungen und 104 Farbfotos, gebunden, DM 68.–

DIE EUROPÄISCHEN TRAUMAUTOS 1950 BIS 1965
Von A. Martinez und J.L. Nory
Alle europäischen Traumautos aus der Zeit von 1950 bis 1965. Hier feiern die chromglänzenden Sportwagen der Luxusklasse, bei denen noch die Ästhetik vor technischen Zwängen rangierte, in gestochen scharfen Fotos und brillanten Farben ihre Auferstehung.
Ein herrlicher Farbbildband im Großformat, so exclusiv wie die legendären Marken selbst – ein Festival aus Chrom und Stahl.
190 Seiten mit 120, zum Teil großformatigen Farbbildern und 83 Schwarzweiß-Fotos, Großformat, gebunden, DM 58.–

Automobil-Veredelung – Traum und Wirklichkeit
Von Rudolf Heitz und Thomas Neff
Optisches Tuning am Auto, Jahrzehnte auf wenige »Traumwagen« beschränkt, wird innerhalb weniger Jahre zur Zeiterscheinung, wird Wirklichkeit bei Serienfahrzeugen, verändert den Autoalltag ebenso wie das wiedererwachte Bedürfnis nach Leistungssteigerung, oder der Einzug der Elektronik im Motorfahrzeug. »Auto-Kosmetik«, das Geschäft mit der Exklusivität blüht. Seit Beginn der 80er Jahre haben sich die Grenzen des Möglichen weit nach vorne geschoben. Was bisher fehlte war das fundierte Buch zum Thema – hier ist es!

192 Seiten, 193 Abbildungen, davon 17 farbig, gebunden, DM 46.–

Der führende Verlag für Auto-Bücher
Postfach 1370 · 7000 Stuttgart 1

Es gibt eine Autozeitschrift, die ist anders: Fakten statt Phrasen. Technik statt Blech. Klartext statt Klatsch.

Autos und Zubehör, Forschung und Entwicklung, Technik und Umwelt, Wirtschaft und Verkehr – mot sagt, was Sache ist. In harten, aber praxisnahen Tests. In Berichten, die nicht der Sensation, sondern der Information des Lesers den Vorrang geben. Und in Aktionen, in denen auch der Leser zu Wort kommt.

TESTEN SIE DIE <u>ANDERE</u> AUTOZEITSCHRIFT